農藥！
從零開始
種菜樂

Contents

Part.3 有機・無毒栽種法的ABC計畫 25種人氣蔬菜的栽種方法

Part 1

種菜的準備

自己動手來種菜吧！

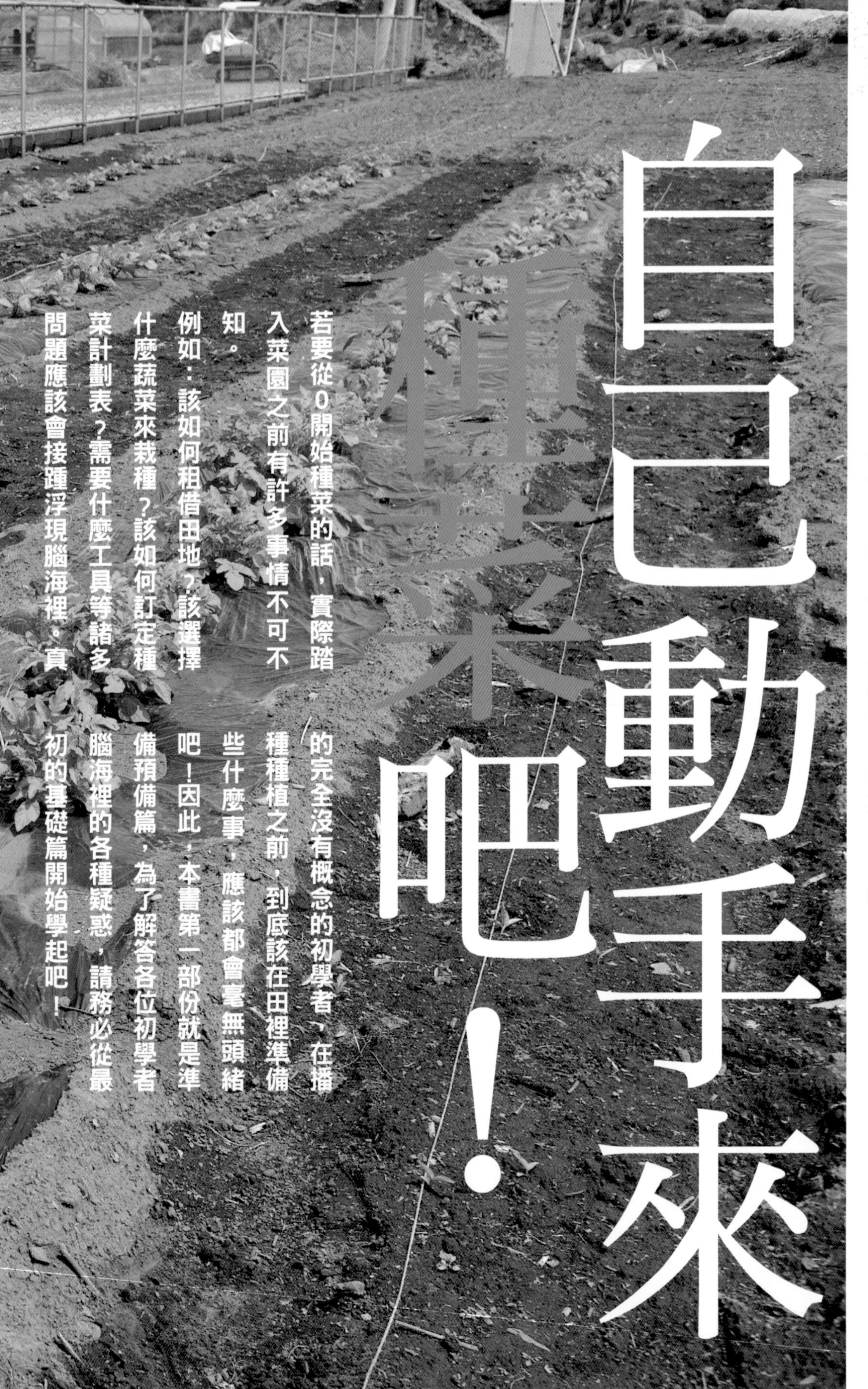

若要從0開始種菜的話，實際踏入菜園之前有許多事情不可不知。

例如：該如何租借田地？該選擇什麼蔬菜來栽種？該如何訂定種菜計劃表？需要什麼工具等諸多問題應該會接踵浮現腦海裡。真的完全沒有概念的初學者，在播種種植之前，到底該在田裡準備些什麼事，應該都會毫無頭緒吧！因此，本書第一部份就是準備預備篇，為了解答各位初學者腦海裡的各種疑惑，請務必從最初的基礎篇開始學起吧！

無毒的栽種方法

這是爲了想要利用家庭菜園，挑戰栽種各種蔬菜的初學者而寫的工具書。書裡詳細介紹栽培有機．無毒蔬菜簡單易懂的具體方法以及提供有效的種植訣竅，幫助初學者種出好吃的蔬菜。

眾多初學者中不乏抱持著一聽到「有機．無毒」，就想到「困難」「辛苦」等刻板印象的人。事實上並非如此，種植有機．無毒的蔬菜並無想像中困難。

試請諸位回想從前尚未依賴化學肥料時，普遍採用的就是「有機．無毒」的栽種方法，後來農家因為商業的考量，必須更快速、更大量以及更有效率地栽種，也爲了節省成本以及讓種出來的蔬菜賣相更好等需求下，才選擇了使用化學肥料和農藥的種植方式。

另一方面，最近加入有機．無毒種植方式的專業農家也愈來愈多了。但仍舊是整個農業中的少數派。也許是因為一面要顧及作業效率及收穫量，一面還要兼顧有機．無毒的概念是一件非常困難的事情，或許一般人仍侷限於「有機．無毒＝困難」這樣的想法吧！

本書要介紹的是屬於趣味休閒性的蔬菜種植方法。在可看顧每株蔬菜大小的田地，種植可提供家人或朋友食用的分量就相當足夠。當然這些蔬菜並非作為大量的商業販賣使用，所

強力推薦有機

以，並不需要使用殺蟲劑和除草劑。對初學者來說，要學會熟練使用化學肥料，還要牢記如何符合農藥標準的各項安全細節，實在是一件麻煩而困難的事。

種植有機．無毒蔬菜，只要掌握基本的關鍵點就很簡單了，和「辛勞」比起來要輕鬆多了。在堆好的土裡使用米糠或雞糞等肥料就成了堆肥，只要確實掌握這部份的關鍵點，接下來只要看著蔬菜靠著本身的力量健康地成長即可，就算不刻意去做些什麼事，也能栽培出好吃的蔬菜。

實際去挑戰看看，你會驚訝：原來完全不依賴農藥也可以栽培出健康的蔬菜，除了領略進到菜園裡的喜悅及充實感之外，與日益成長茁壯的蔬菜間培養出的莫名感情，更是日常生活中無法體會的珍貴時刻。

等待收成的期間，就算蔬菜的外表變得不好看也沒有關係，自然孕育長成的蔬菜滋味，格外地甘甜，香味也特別濃郁，那是超市裡所販賣的蔬菜遠遠不及的滋味。栽種有機．無毒的蔬菜，只要充滿感情就算是偷懶也ok，可以說是最適合家庭菜園的栽種方式。因此有機．無毒的栽種方式並不困難，當各位讀完這本書後，一定要嘗試挑戰「種出屬於自己的蔬菜」，我想這過程一定可以成為生活中無可取代的寶貴經驗。

為了種出安全而美味的蔬菜，在此強力推薦有機．無毒栽培法

準備篇

因為是第一次，所以不想失敗

蔬菜根據可食用的部份，分成三大類

一般農業或園藝上的區分方法是將可食用的草木性植物（莖部非木質）稱為「蔬菜」，這種情況下草莓、西瓜、香瓜等水果也被包含在內。

一般在日本會將屬於穀物類的玉米也歸類在「蔬菜」範圍內，但是當作主食用的米，則仍屬於穀物類。相反的在歐美地區，米卻被歸類於「蔬菜」類，這是因為飲食文化的不同，所以解釋上也有不同的差異。

蔬菜有各種不同的分類方法，但請先記下「果菜類」「根菜類」「葉菜類」的區分法。食用果實部分者稱為「果菜」、食用根莖部分者稱為「根菜」，而食用葉子部分者稱為「葉菜」（P54的「25種人氣蔬菜的栽種方法」就是以這3種分類法來分類）。

因為是家庭式菜園，所以可以自由地栽種任何想種的蔬菜，就以「想吃的蔬菜＝想種的蔬菜」為邏輯來考量也沒有關係，只是種植太多相同種類的蔬菜卻吃不完，也是一件非常困擾的事，所以通常家庭式菜園，會建議種植種類多一點、數量少一點（少量多品種），如此一來，一整年都能享受種菜的樂趣了。

所謂難易度是以「花費工夫」作為考量

大部分的蔬菜都可以在自家菜園裡栽種，能夠自由決定要種植什麼蔬菜是家庭菜園的迷人之處，就算只種植「自己

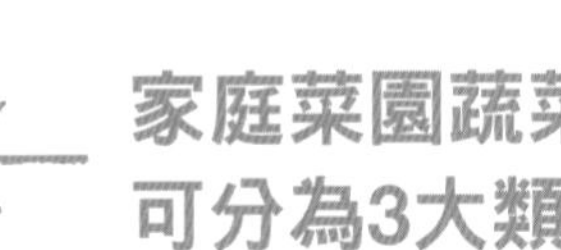

家庭菜園蔬菜可分為3大類

食用果實的蔬菜

果菜類

玉米　【禾本科】

生長迅速的玉米並不需要花太多時間照顧，很適合初學者栽種。因為根部有很強的抓地力，和鬆土一樣具有同樣的效果，但要加入改良土壤的要素。

25種 人氣蔬菜種植難易度

在第3部份會根據「果菜類」「根菜類」「葉菜類」的順序來介紹蔬菜種植的難易度。但實際上卻會因為品種、土壤狀態、和前面所種植作物的相容性等問題而改變難易度，因此請將此當作參考即可。

種類	蔬菜名	非常容易	容易	普通	略難	難
食用果實的蔬菜	小黃瓜	■	■			
	迷你小蕃茄	■	■			
	茄子	■	■	■		
	青椒	■	■			
	迷你南瓜	■	■			
	草莓	■	■	■	■	
	西瓜	■	■	■	■	
	玉米	■				
	毛豆	■	■	■	■	
	蠶豆	■	■	■	■	
	豌豆	■	■			
食用根部的蔬菜	馬鈴薯	■	■			
	白蘿蔔	■				
	紅蘿蔔	■	■	■		
	芋頭	■	■			
	地瓜	■				
	蕪菁	■				
食用葉子的蔬菜	高麗菜	■	■			
	大白菜	■	■	■	■	
	洋蔥	■	■	■	■	
	青花椰菜	■	■	■	■	
	青蔥	■	■	■		
	萵苣	■	■			
	菠菜	■				
	小松菜	■				

想種的菜」，也不會有什麼問題。

但是，要選擇蔬菜之前，有一些事一定要先了解。首先要先測量自己田地的寬度。因為要少量多品種，一定要先知道田地正確的面積（可參照Ｐ17「一般市民農園的區分」）。接著要了解各種蔬菜栽種的難易度，因為蔬菜種類或品種不同，連帶著影響蔬菜是否容易生病、蟲害的機率、栽種時所需花費的時間等問題也都會產生差異。

以小黃瓜為例，對初學者來說是非常容易種植的蔬菜，但是卻比其他蔬菜還要耗費工夫，對於只有周末才有時間整理菜園的上班族來說非常不適合。如果一開始就挑選難度較高的蔬菜，可能會導致原本興致勃勃地種菜，到頭來卻無法感受種菜樂趣的結果。所以左表特別整理出栽培難易度，請各位務必參考。

除此之外，決定好要種植什麼蔬菜後，一定還要了解相關的基礎知識，那就是栽種計畫（Ｐ12～）、共生作物（Ｐ50～）、連作障礙（Ｐ52～）三項不可不知的知識，這些都會在後述各單元中詳細介紹。

食用葉子的蔬菜 葉菜類

菠菜 【藜科】

要特別注意的是菠菜不喜歡酸性土壤，同樣地栽培過程中也不需花費任何工夫。雖然說一整年都可以栽種，但秋天播種蟲害較少，也因為歷經寒冬，滋味特別好。

食用根部的蔬菜 根菜類

白蘿蔔 【十字花科】

秋天播種冬天就可以採收了，幾乎不需要澆水，天冷也不容易遭受蟲害，可說是不需花費任何工夫，就算是初學者也能輕鬆栽種，反倒是要注意生產過剩的問題。

2 準備篇

何時種植？何時收穫？

種植方式有播種、植苗、植入3種

一般說來所謂的「種植」是指「種播」或「植苗」而言，如果想要靠自己從頭到尾栽種出蔬菜的話，當然就要從「種播」開始。

但是要培育出健康的幼苗，必須具備一些相關技術才行，對於初學者來說，購買已經培育好的幼苗會比較安全。種子和幼苗都可以在農業中心、種苗店、農業協會等場所買到，利用網路系統，甚至還可以買到傳統蔬菜等珍貴的種子。

此外，毛豆、蠶豆、豌豆等豆類，以及白蘿蔔和紅蘿蔔等蔬菜，必須直接在田裡育苗，所以一般來說就沒有所謂的「植苗」可選擇。

還有馬鈴薯或芋頭等都是直接將芽眼種進田裡，利用「植入」的方式促使其發芽，這種芽眼也可以在農業中心買到。

採收自己種植的蔬菜，享受當季美味

訂定蔬菜種植計畫時，首先要先確認的重要事情是「何時種植？何時採收？」。一般蔬菜根據播種時期分成「春播」「秋播」，被稱為夏天蔬菜的蕃茄、茄子、小黃瓜等都是春天播種夏天採收的「春播」蔬菜，而蕪菁、大白菜、高麗菜等秋天播種的蔬菜，雖都稱為「秋播」，但採收時期卻各有不同。

像紅蘿蔔一樣在盛夏播種的「夏播」，以及像馬鈴薯等到春天或秋天才將芽眼種入的蔬菜也很多。

除此之外，也有不少像小松菜一樣，整年都可以種植的蔬菜，因此請參考左頁的栽種時間表來考量吧！將「春播」和「秋播」的蔬菜做適當的組合，錯開採收期，就可以一整年享受家庭菜園採收的樂趣了。

另外要特別注意像馬鈴薯↓豌豆這樣因為相容性不佳而造成生長不良，導致連作障礙的蔬菜組合。詳細說明請參照P50的「共生作物」單元。

種植的 3種方法

種播 直接將種子播在田裡的方式。此種方式對病害的防禦力特別強，最好選購適合有機無毒栽種的種子較佳。

植苗 將種子在別處培育，視幼苗的生長狀況來移植的方法。對病害的防禦力強，最好能選擇接苗的方式較為安全。

植入 一般來說是將馬鈴薯或芋頭等芽眼直接種入田裡的方式。可以直接購買「芽眼」。

一目了然！

25種人氣蔬菜的栽種時間表

請以這份栽種時間表為基準，仔細考慮自己的菜園哪裡該種什麼？什麼時候採收等問題，先在紙上模擬畫出自己田地的面積大小，再將蔬菜具體地分配區塊，就會有更具體的印象。只是，隨著蔬菜的品種、田地的天氣、當年的氣候等影響，栽種時間表也會有稍許的變化，因此，當時間表確定後，可以向專家或種苗店請教，多方搜尋相關資訊也是非常重要的一件事。

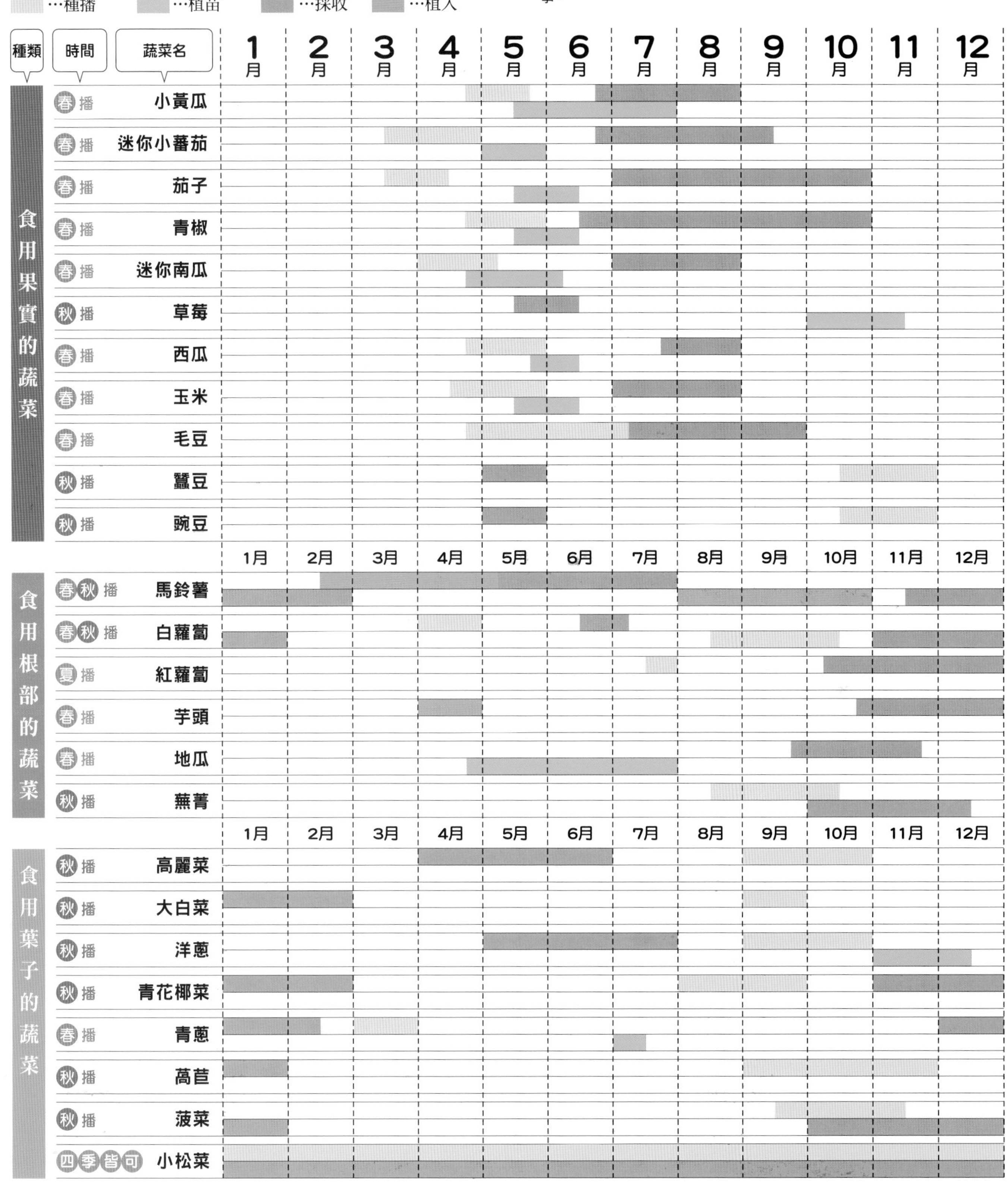

整地大約需要花費多少時間？

第一次種菜必須在1~2個月前進行整地

選定了要栽種的蔬菜，當然不能立刻就種進土裡，真正的種菜，要先從整地開始。作業的內容和技巧，因為在第二部份（P26）有詳細介紹，所以在此僅大致估算主要作業所需的時間。

首先將整地分成「鬆土」「撒石灰」「摻入堆肥」「施肥」4個程序。第1週先進行「鬆土」。使用平鍬或圓鍬將土堀起，使土壤飽含空氣變柔軟。接著第2週進行「撒石灰」，因為一般土壤都容易轉化成酸性，所以混入有機石灰等可以中和土壤成弱酸性的狀態。

再來第3週進行「摻入堆肥」。讓鬆鬆軟軟的土壤，充分混合堆肥的材料。最後第4週要進行「施肥」。有機栽培則使用米糠或雞糞等有機物。之後放置1週以上就算準備完成，標準程序約需要1個月。

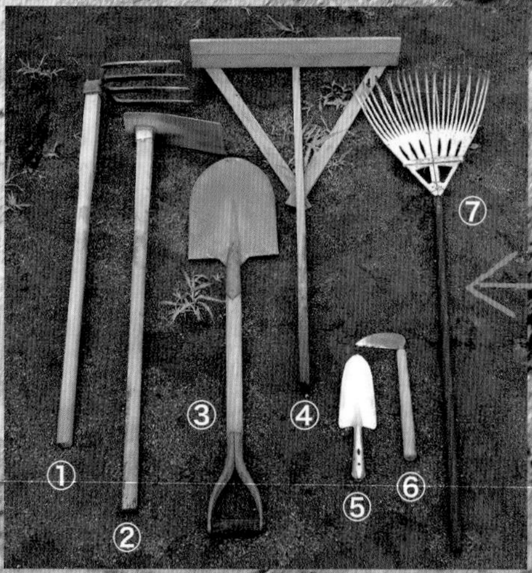

使用於整地的基本工具

①尖耙 ②鋤頭（家庭用）
③圓鍬 ④T字耙 ⑤移植鏟子
⑥鐮刀 ⑦沙耙

整地所需要的工具。自左至右各為尖耙、鋤頭（家庭用）、圓鍬、T字耙、移植鏟子、鐮刀、沙耙。只要有圓鍬和移植鏟子，就可以進行大部分的工作，所以一定要先備妥這兩種工具。有關於其他工具，請參照P22道具介紹的單元。

若省略步驟，時間也會縮短

整地約需花費1個月左右，但是若要挑戰初次種菜的土地，可能需要再多預留較長的時間來作準備會比較充裕。

如果田地已經長出雜草，在「鬆土」之前，必須先以鏟子或鐵鍬將雜草拔除。如果有多預留一些充裕的時間，就算在預定工作日突然下雨，也可以不必因時間過於急迫而緊張。

此外，因為有機肥料會慢慢穩定地發揮效果，所以整地後必須再等1～2週左右。但是有時候事實狀況和理論會正好相反，定神之後才發現，距離種植的時間已經剩下不到1個月了…此類的例子也不在少數。

此時可以參考左列的表格，將整個時間表縮短。理論上在不太寬廣的田地，且能充分確保作業時間為前提下，兩週應該就可以整地完成。此時要特別注意的是施肥的時間點。撒上石灰後，至少需要1週的時間來讓土壤穩定。如果為了縮短時間，而將石灰和肥料同時撒下的話，可能會因為產生熱度和瓦斯反而損害了土壤裡的微生物。

慢慢按部就班來進行作業的話，最好是2個月前就要開始，要記住再怎麼急促至少都需要在2個星期之前開始。以栽種時間表（參照P13）確認種植的時期，最好是在2週前～2個月前就開始整地。

理想的土壤是「森林土」。排水性良好、通氣性佳的土壤，才能讓蔬菜好好生長。

鬆土～種植（種播、植苗）的時間表

	4週前	3週前	2週前	1週前	
1個月期	鬆土	撒石灰	摻入堆肥	施肥 作畦	種播・植苗
3週期		鬆土 撒石灰	摻入堆肥	施肥 作畦	種播・植苗
2週期			鬆土 撒石灰 摻入堆肥	施肥 作畦	種播・植苗

具體的作業內容請參照P26「整地的7大步驟」！

「維護田地的方法」

4 準備篇

如何擁有自己的田地？

尋找家庭菜園的6種方法及基礎知識

就算自家的庭院不夠大 也不要放棄種菜的願望

如果想要享受種植蔬菜的樂趣，最重要的第一步就是要擁有土地。自己家裡擁有廣大庭院的人當然另當別論，大部分的人都必須在少數幾個選擇中找出擁有自己土地的方法。

如果想要在自家種植蔬菜的話，應該先檢視「自家庭院」的可利用空間。沒有庭院的家庭，可以購買栽培盆，在「自家陽台」上設置家庭菜園。自家菜園的最大好處就是近，幾乎不需花費任何往返田裡的時間，如此空下來的時間就可以輕鬆利用，能花較多工夫做到令人滿意為止。

在自家種菜

1 自家庭院

庭院雖狹小，只要花心思，一樣可以擁有自家菜園

就算庭院狹小，也有考慮的空間。只要花點心思，利用停車場旁的花壇，也可以做成家庭菜園。因為是從頭開始，有可能土質並不適合種菜，但只要努力鬆土、摻入堆肥，就可以改善土質。請選擇日照佳、排水良好的場地。

寬廣度●儘可能越寬越好
價格●免費

2 自家的陽台

將栽培盒排列整齊，成為菜色豐富的蔬菜園

即使家中沒有院子，也別放棄種菜的願望。將想要種植的蔬菜，連同栽培盒一起買回來，整齊放置於日照良好的陽台上，即可成為豪華的家庭菜園。不僅能種植香草或根菜類蔬菜，還能種植蕃茄或小黃瓜等會變大的蔬菜。但因採取盆栽式種植，所以夏天每天都需要澆水。

寬廣度●陽台的範圍內
價格●栽培盒費用

只要有效地利用有限的空間，就能栽種更多想種的蔬菜，因此有必要再次確認空間實際的大小。

如果想要租借田地的話，可以選擇更大眾化的「市民農園」。這是由地方自治團體、農業協會、農家等合作開設的農園，簽訂契約即可在一定的期限內租借特定的農地（詳細的使用手冊請參照p18）。

另外，完全不懂種菜的初學者，想要得到專業人員指導的話，可選擇最近不斷增加的「農業體驗農園」。這種形式的農園，所有的種子、幼苗、肥料、農具、資材等，都會由農家方面來提供。而且會由農家定期舉辦各種詳細的講習課程和作業指導，可以確實地讓初學者按部就班地到達採收的最後階段。由於在此沒有選擇自己想種哪種菜的自由，一個區塊一年裡所種植的蔬菜種類廣及數十種，因此可以在短時間內學習到各種不同蔬菜的種植知識。最近在相同田地內附帶有可以住宿停留的房舍，被稱為「民宿型農莊」的農園也與日俱增。

和市民農園或農業體驗農園比起來，民宿型農莊所需要的費用雖然較高，但能夠住在田園裡，心滿意足地享受鄉村生活的這一點，對都市人來說可真是充滿無限的魅力。時間和金錢充裕的人不妨考慮嘗試看看。

此外，如果住家附近有閒置不用的農地，也可以考慮向農家「租借田地」的方法，面對面與農家直接交涉，能否租借得到雖然全憑運氣，但也有可能可以順利交涉成功。就算最後還是不行，問看看也是有其價值的。

租借田地種菜

3 市民農園

以便宜的租金即可擁有田地！種菜人之間快樂的交流

一般來說透過自治團體而設置的農園稱為「市民農園」或「區民農園」。另外透過農業協會而設置的農園，稱為「農協農園」。因為是根據契約租借田地的組織，所以基本上可以自由種植農作物。很多農園會事先準備好農具和水道。契約分為每年更新、2年更新等依自治團體而有不同，應該在租借前確認清楚。

寬廣度●一般1個區域約10～50坪
價格●依交涉而定

4 農業體驗農園

不需準備工具或資材，由專家指導種菜！

在農家（專家）的指導下，從播種到收穫，完全透過自己的雙手來進行的農園，稱為「農業體驗農園」。因為種子或幼苗、農具、資材全部都由農家供應，所以即使是完全沒有經驗的初學者，也能夠立刻進入狀況，挑戰種植蔬菜。只可惜無法自己決定要種什麼菜，有些還有限制最少需使用的農藥量，這些細節都應該事先確認。

寬廣度●一般1個區域約30㎡
價格●依交涉而定

5 民宿型農莊

居住型的租借農園，能夠充分享受田園生活之樂

在和田地同一區域上，設有民宿設施的租借型農園稱為「民宿型農莊」。這種源自於德國，後來擴及歐洲各地的農園型式，最近在日本郊區地帶，也能看到同樣的設施。因為是屬於長期居住的形式，所以非常推薦給嚮往鄉村悠閒生活的人。在此幾乎都是由當地的農家親自指導，就算是初學者也可以安心挑戰種菜。

寬廣度●1個區域約200～300㎡＋民宿屋
價格●依交涉而定

6 向農家租借田地

發現閒置農地，就去商量看看吧！

附近住有農家的情況下，可以考慮去問看看「田地的小角落可以讓我使用嗎？」。只是如果因為自己田裡產生的蟲害或病害，波及以農業為主業的農家時，會造成農家的困擾和麻煩，因此要有不能中途放棄的覺悟。交涉時，對方是否能理解有機・無毒栽培將是很重要的關鍵。

寬廣度●依交涉而定
價格●依交涉而定

租借申請、使用禮儀

市民農園的「使用手冊」

想要擁有屬於自己的田地，
最普遍的方法就是向市民農園租借土地。
在此紀錄了有關情報收集的技巧、契約簽訂的流程、
使用禮儀等諸多不可不知的重點。

●收集市民農園的資訊
詢問自治團體或農業協會

想要利用市民農園者要先向自治團體或農業協會等提出申請租借契約，因此最重要的第一件事，就是根據收集的資訊進行事先調查。依照地區不同，部分會是由企業或NPO來經營市民農園，為了擁有自己的田地，謹慎地事先調查清楚非常重要。

標準的市民農園1個區塊約10～50坪，大小非常適合作為家庭菜園。這樣的面積大小足以生產出全家人吃不完的蔬菜量。

契約期間最普遍的是以月、季或年來計算。根據農園的不同，有些農園會要求承租者必須使用最少的農藥量，所以是否允許從事有機・無毒的蔬菜栽培，最好也要事先作確認。

收集市民農園的相關資訊時，直接去市公所的服務處或農業協會詢問，可能是最快速的方法。此外，也可以去種苗店或在地的農家收集實際資訊。若能拉近彼此之間的距離，之後也能向其請教，說不定還可以得到他人所不知的特別訊息。

●申請使用市民農園
一般開始申請期間為1～2月

市民農園的申請手續流程（例）

1月	市區公所以宣傳海報招募使用者
2月	提出申請•抽選
3月	當選通知
4月	契約、說明會等開始使用農園
翌年	手續更新

市民農園開始使用的時期，一般約為每年的3～4月，而招募使用者大約在之前的1～3月。上述所列的手續流程，只是其中的一個例子而已。根據農園設立者的不同，募集時間或募集方法等都會有些許的差異，務必於事先確認。使用者的條件限定也各有不同，有些會限定承租者的資格一定要隸屬於當地居民，請特別注意。

依照農業易遊網的網頁『假日農夫』單元所示，由各地農會輔導成立的「市民農園」多位在大都會近郊，交通非常方便。有興趣耕種的民眾，租約以月、季或年來計算，租的時間愈長、折扣愈多。此外，平日如果需要園主代為照顧，再酌收管理費，就不怕「草盛豆苗稀」。簽訂租地契約，就成了名副其實的「假日農夫」。

關於農園的使用規定也各有不同，有些農園禁止種植有機・無毒的蔬菜。若簽約後才發現就太慢了，這一點一定要事先特別留意才行。

附近農園的相關資訊
可以透過網路查詢確認

家裡有電腦的人，可以進入農業易遊網的網頁『假日農夫』做確認。只要查詢「全國市民農園」的項目，就可以立刻查詢出離家最近的農園，非常方便。

●農業易遊網的網頁

http://ezfun.coa.gov.tw/suggest_dispatch.php?issue=27&func=route

●有機·無毒栽培要特別注意

確實做好病蟲害防治工作，避免造成他人的困擾！

簽了契約的市民農園裡，即使被認同能以有機・無毒的方式栽種蔬菜，也要特別小心，不要造成周圍區域的麻煩與困擾。

有機・無毒栽培的蔬菜，一般說來對於疾病或蟲害有較強的抵抗力，但是，若土壤本身的抵抗力不足、作物太過密集而導致通風不佳的話，也常會引發病蟲害，此外，放任雜草生長，也會提高招致害蟲的機率。

因此如果是初學者，最好要有要將病蟲完全驅離自己的田地是非常困難的心理準備。如果是自宅的田地，即使放置不管應該也不會引起太大的問題，可是如果在市民農園，可能會殃及周圍的農地，造成其他人的麻煩和困擾。

可利用防蟲護網、或一旦發現害蟲立刻撲滅、以及出現疾病徵兆時儘早摘除等各種不需使用農藥的病蟲害防治對策（請參照P20～21）。

為了不造成他人的麻煩，請負起防治病蟲害的責任，確實做好病蟲害防治工作。

可購買市售的沾黏貼板，以筷子夾住後，豎立於田地周圍，可以有效地沾黏蚜蟲、蛾類、薊馬等害蟲。

市民農園的基本禮儀

禮儀1 愛惜使用公有工具

鐵鍬或鐮刀、圓鍬或鏟子等工具在市民農園裡算是基本配備，並不稀奇。雖然是大家都可以使用的公物，但使用時要謹慎小心，使用後必須確實將泥土清理乾淨，放回原來的地方。

禮儀2 人際關係非常重要

在市民農園裡，從初學者到充滿經驗的專業者，任何程度的人都有，但是能力的差別卻是非常清楚。因此，希望初學者可以誠心地接受他人的建議，而有經驗的人，也儘可能給予初學者親切的指導，人與人之間的合作關係是非常重要的。

禮儀3 歸還農園時，確保土壤健康

土地租借期限結束後，必須歸還農園時，切記一定要讓土地回復原來的乾淨狀態，確實將農作物殘留的根部、圓孔塑膠布的切邊、垃圾等清除乾淨，如此下一個使用的人才能順利使用。

市民農園所準備的各種農具，是屬於公有物，為了讓下一個人能正常使用，歸還時一定要仔細清理乾淨。

有機・無毒栽培要特別注意

防治病害及蟲害，保護蔬菜的有效方法

由於受限於不可使用農藥，對於初學者來說，要避免病蟲害的發生是非常困難的一件事，為了保護心愛的蔬菜，請熟記下列各種對策吧！

用心觀察蔬菜，才能早期發現狀況

要避免家庭菜園的蔬菜遭受病蟲害的侵襲，最重要的一件事就是用心觀察，早期發現。早期發現，就可以早期提出因應對策，才能將病蟲害的傷害降到最低。

如果是在自家院子栽種蔬菜的話，每天都有機會觀察蔬菜的狀況，若真發現病蟲害，應該可以立刻處理，但是如果是只有周末才有空去的市民農園，等到發現時總是太遲了，因此，一定要事先採取防護措施。

對於預防蟲害，利用防蟲資材就可以有效防止蟲害（參照P21）。將辣椒浸泡在酒裡、或蒜頭加水煮成蒜頭水稀釋後，即可當做防蟲劑使用，有效地驅退害蟲，請務必將此有效方法記住。

另外，對於疾病較有效的預防對策是盡量維護適合蔬菜生長的環境。確實實踐P21的「6大工夫」，應該就可以有效預防疾病發生。

發現害蟲後立刻撲殺

害蟲

首先要仔細觀察蔬菜的葉片部分。一旦發現害蟲啃蝕過的痕跡，會立刻翻到葉片背面仔細查看，發現害蟲絕對不只有一隻，務必用心仔細查看。

大部分蔬菜上會看到的夜盜蟲（夜盜蛾的幼蟲）是屬於夜行性害蟲，白天會隱藏在土壤中，稍為挖掘土壤就能發現其蹤跡。

另外，蚜蟲是吸食葉片汁液的害蟲，病毒的傳染媒介，一旦發現一定要立刻撲殺。蚜蟲和螞蟻屬於共生關係，因此螞蟻多的田裡一定也會發現蚜蟲的存在，可以將竹酢液倒入巢穴中驅退螞蟻。

在有機・無毒栽培的田裡，也會有一些瓢蟲、螳螂、蜘蛛等益蟲，是害蟲的天敵，可以利用天敵蟲來捕食害蟲，千萬不要一不留神而將其當作害蟲撲滅。

葉片上如果有蟲啃蝕的痕跡或蟲子的糞便等就要特別注意。徹底檢查葉片背面或莖部的地方。照片上為發現的青蟲。

擴及其它蔬菜前，立刻將疾病作處理

疾病

對初學者來說，要早期發現疾病並不是一件容易的事，尤其是天氣熱時，無法一眼就能分辨出蔬菜呈現的虛弱感是因為天氣太過炎熱，還是因為生病而導致。葉片顏色變黃或是葉片形狀改變等，都是蔬菜生病的先前徵兆。

當發現奇怪的葉片時要立刻摘除，並在植物根部聚攏土壤，觀察一下狀況，如果之後還是無法恢復元氣，狀態仍持續惡化的話，請將蔬菜整株連根拔除，帶到田地以外的地方處理，如果時間足夠請以火焚燒處理更為安全。

市民農園等菜園通常都和隔鄰的農地連接在一起，尤其要特別注意，為了避免造成他人不必要的麻煩，一定要小心留意及早發現疾病的徵兆。

發現所種的蔬菜產生異狀時，也可以向農業專家請教，聽取專家的意見，這也是一個很好的方法。早期發現提出對策，可以將病害機率降低至最低。

產生病害的植株一定要在擴及其他植株前拔除，儘可能焚燒處理。照片為冒出的蔬菜根，可看到像是根瘤病的症狀。

自家菜園防治病蟲害的6大工夫

工夫1 讓土壤充滿微生物

工夫2 將田畦填高，使排水良好

工夫3 株間保持適當空間，使通風良好

工夫4 勿施肥過度

工夫5 遵守播種時間，培育出健康幼苗

工夫6 避免連續種植相同作物，留心輪作

1

確實地將堆肥混入土壤裡，讓土壤成為微生物活躍的狀態，微生物豐富的土壤，較不易產生某些特定微生物的異常狀況，當然就可以減低病蟲害發生的機率。

2

幾乎所有的蔬菜都不喜歡太多水分，因此，排水不良、潮濕的土壤容易引起植物根部的腐敗，導致各種病變產生。如果想要排水良好，可以充分鬆土讓空氣進入，並將田畦壟高。通氣性佳和預防疾病的發生有很大的關聯。

3

不同的蔬菜有其所需要的株間距離，株間距離不夠充足的話，會造成日照不佳及通風不良，導致發霉而成為病蟲害發生的原因。因此種植蔬菜時，最好葉片與葉片間不要重疊，謹慎地注意株間的距離。

4

肥料（尤其是氮肥）份量太多的話，容易增高病蟲害的機率，因此一開始「控制肥料份量」是主要原則。建議施放基肥時要控制份量，然後再依植物生長的狀況來施放追肥會比較安全。有關肥料的詳細說明請參照P35。

5

適當的時間進行播種或植苗，和病蟲害的防治有相當的關連。所謂蔬菜的「適合生長期」就是指「植物最健康的生長期」，如果可以配合此時期栽種，當然可以將病蟲害發生的機率降到最低。

6

相同的地方，連續種植相同種類的蔬菜（或同科的蔬菜），會提高病蟲害發生的機率。這是因為土壤中的菌類或微生物、養分等的平衡狀態已經被破壞殆盡。請用心依照根菜→葉菜→果菜的順序進行輪作（詳細說明請參照P50）。

利用防蟲資材保護蔬菜的健康

利用寒冷紗或不織布等防蟲資材（護網），可以物理性阻隔害蟲。但是土壤中也許仍存有害蟲的卵或幼蟲，所以還不能完全放心，要定期檢視網子裡，若發現害蟲要立刻撲滅。

在蔬菜上直接覆蓋不織布，也可以有效驅逐害蟲。

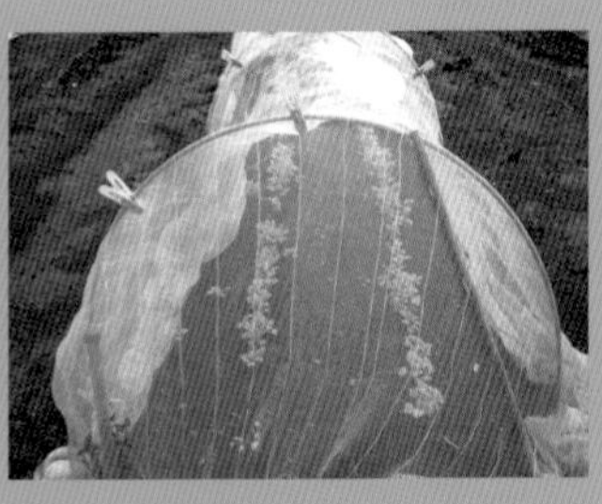

利用拱門棚栽培時，要覆蓋寒冷紗等網目較細的網子。

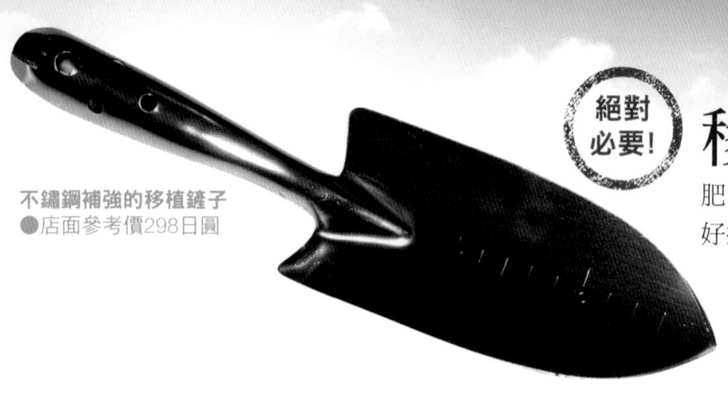

不鏽鋼補強的移植鏟子
●店面參考價298日圓

絕對必要！

移植鏟子

使用在狹窄的地方，或是移植幼苗、施肥、除草等情況下所需使用的工具，請選擇好握及耐久性佳、適合自己的鏟子來使用。

鐵鍬

廣泛用於鏟土、作畦、堆肥的時候。雖然越大效率越高，但卻會太過沉重，選購時要小心。前端成尖形者較易於使用。

千吉　木柄鐵鍬　丸 SWS-1
●店面參考價1980日圓

絕對必要！

有了這些道具就萬事OK！

初學者所需工具一覽表

在此介紹的是開始種菜時所需具備的道具。
依照使用頻率多寡的順序分為「絕對必要」「如果有會更方便」「如果還有能力…」3種印記，做為工具選擇時的實際參考。

耕種工具

美國鐵耙
●寬度335㎜、柄長1540㎜／店面參考價1740日圓

美國鐵耙

大型的鐵製耙子。適用於將雜草或落葉、小石子等集中，或以耙子尖端處將土塊敲碎、將土整平等功用，只要有鐵耙和鐵鍬就可以進行整地了。

如果還有能力…

板狀耙

通稱為「T字耙」。選擇板幅較寬、握柄較長者較有效率，其中推薦木製的板狀耙子，重量較輕，易於使用。

如果有會更方便

家庭用小鋤頭
●店面參考價1770日圓

千吉金　三爪鐵耙
●店面參考價3980日圓

如果還有能力…

三爪鐵耙

可說是萬能鐵耙的3～4爪鐵耙。在挖掘黏土質土壤或堅硬土壤時，特別能夠發揮作用，不易沾黏土壤。還可用於除草或採收根菜類蔬菜。

如果有會更方便

鋤頭

除了可用於將土堀起、搬送、敲碎石塊之外，還可以將土整平等多用途的鋤頭。初學者選擇家庭用小型、輕盈的鋤頭較為方便。

T型木製板狀耙
●前端寬500㎜、全長1500㎜
店面參考價3990日圓（也有前端寬800㎜ 4490日圓）

栽培蔬菜道具

支柱

果菜等作物生長時必要的支柱，選擇表面突起狀的形式，較容易誘引藤蔓捲曲纏繞，大小尺寸非常齊全。

絕對必要！

橡膠竹（5支裝）
●最小：直徑8×900mm～最大：直徑20×2100mm／店面參考價350～1500日圓。

寒冷紗

絕對必要！

使用於遮光、防風、防蟲、防霜等的資材。分為黑色和白色，黑色的保溫性和遮光性較佳。可根據蔬菜種類和田地的條件選擇使用。

寒冷紗（黑）
●1.8×5m／店面參考價2800日圓

園藝用棉繩

絕對必要！

對於組合支柱或拉防護網、引誘藤蔓等都可以派上用場的棉製繩子。棉製材質比起塑膠材質耐用，且不容易風化，可以長期使用。

園藝用棉繩
●135m／店面參考價399日圓

彈簧鉤（右）
苗掛鉤（左）
●店面參考價（右）525日圓（左）399日圓

掛鉤類

如果有會更方便

彈簧鉤（右）是付有彈簧的鉤子，用於組合支柱固定時。苗掛鉤（左）用於將蔬菜幼苗的莖蔓引誘至支柱上纏繞。

絕對必要！

不織布

直接覆蓋在蔬菜上面，可用於防止蟲類或鳥類的侵害，是保護蔬菜的資材。可以直接從上面澆水，是非常好用的資材。

不織布90
●1.8×10cm／店面參考價1950日圓

園藝用網子

如果還有能力…

用於誘引小黃瓜等藤蔓類植物所使用的網子，也可用於安裝支柱等。若安裝在屋簷前端可以有效遮陽。

園藝用網子（特大）
●3.6×1.8m 網目10cm方格狀／店面參考價850日圓

塑膠圓孔鋪布

直接鋪在土地上，布上有圓孔可以直接播種或移植幼苗，共有黑、銀、透明等顏色，黑色對於防止雜草生長有很大的效果。

絕對必要！

DAIM 家庭菜園用圓孔塑膠鋪布（黑）
●厚0.02mm 95cm×50 m／店面參考價903日圓

保護蔬菜避免蟲害的工具

防蟲網

適用於保護蔬菜避免遭受蟲害的資材，儘可能選購網目較細的使用，銀色系的網子對於防止蚜蟲有很大的效果。

防蟲網
●網目1×1mm 1.8×5m／店面參考價1980日圓

如果有會更方便

粘著式捕蟲紙

粘著式捕蟲紙（付網子S）
●黃色50×350mm 25片裝／店面參考價1554日圓

如果有會更方便

懸掛於田裡，用於捕捉四周竄飛害蟲的捕蟲紙。即使下雨也OK，效果可持續3個月以上。

割草＆澆水工具

絕對必要！

澆水器

容量約5～6公升最為恰當，選購同時可噴散出溫和細密水花，以及方便植物根部給水的噴嘴，使用上較為方便。

澆水器J6
●容量6公升／零售價格2300日圓

小鐮刀

如果有會更方便

刀尖可以挖掘土壤，並可深入根部割除雜草的工具。園藝專用的刀刃薄，適合割除柔軟的草，也可用於葉菜類的收成。分為左手用及右手用。

千吉 小鐮刀
●店面參考價398日圓

其他所需工具

混合肥料容器

這是將垃圾轉變成堆肥的廚房垃圾處理器。要製作堆肥最好是選擇容量較大的比較好用。附有防臭劑的機型可減低臭味。

肥料混合器 EX-101
●容量101公升•直徑600×高525mm／店面參考價3580日圓

如果還有能力…

長靴

絕對必要！

最好是選擇弄髒後立刻可以清洗乾淨的橡膠製長靴，靴口附有防護套的款式，泥土較不容易進入。

長靴 RMP-77209
●男士用S.M.L.LL.XL／店面參考價2480日圓

採收時所需的工具

刀剪

具有某種強度的刀剪，是種菜不可缺少的工具。附有彈簧的刀剪即使長時間使用也不覺得疲勞，推薦購買樹酯握把的刀剪較為好用。

鋼製剪刀
●全長180mm／店面參考價924日圓

絕對必要！

園藝用剪刀

如果有會更方便

剪斷植物堅硬的莖時所使用的剪刀。請先確認試剪和試握的感覺後再購買。選擇附有安全鎖裝置的剪刀會比較安全。

FISKBRS 園藝用剪刀
●全長20cm•不鏽鋼•具切斷能力 直徑16mm／店面參考價2940日圓

Part 2

走進田裡看看吧！

整地的基本認識

種菜的計畫確定後，
為了配合種植的時間，
必須開始進行整地的作業。
進入田裡開始種菜之前，
必須先學會鬆土、摻入堆肥、
施肥等有關整地的程序及技巧。
整地可說是種菜的第一步。

整地

有哪7大步驟呢？

要種出好吃蔬菜的秘訣就是先整理出一塊良好的田地。在此介紹整理出適合蔬菜生長田地的7大基本步驟。請確實了解各步驟的內容，掌握住大原則整理出理想的田地吧！

謹慎記住作業流程，整理出理想的田地

我想先將整地的流程分成7個步驟。

首先是步驟1。堅硬的土壤讓植物根部伸展困難，蔬菜當然就無法好好地生長，因此要先以鐵鍬或鋤頭將土壤掘起，從鬆土開始。接著第2步驟是撒石灰來中和土壤的酸鹼性。幾乎所有種類的蔬菜都喜歡弱酸性～中性的土壤，因此必須以有機石灰等來調節土壤的pH值（酸度）。

第3步驟是混入堆肥。堆肥充足，土壤裡的微生物才會產生活躍的活動力，成為鬆軟的土壤。改善土壤也是非常重要的步驟。接著步驟4是施放有機肥料。有機肥料的種類很多，但不管哪一種都要小心勿施放過多。

step 1 鬆土

P.28

整地最開始的步驟就是鬆土。除去土壤內的石塊、敲碎硬土塊讓土壤變鬆軟。如此一來，蔬菜的根部才能順利地伸進土壤裡。

step 2 撒石灰

P.29

鬆土完成後必須撒石灰。在酸性的土壤中加入石灰，中和成蔬菜喜歡的酸鹼性。以鐵鍬或鋤頭仔細地將石灰混入土壤裡。

step 3 混入堆肥

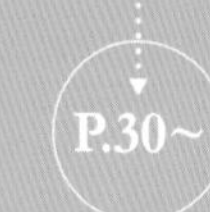
P.30~

接著混入堆肥，和石灰一樣，在土壤裡全面摻入堆肥是一個非常重要的步驟。堆肥從混入土壤裡到發揮效果，至少需要2個星期的時間，請及早做好準備。

第5步驟是作畦，在此是指將土壤壟高成台型，做出適合蔬菜生長的床。透過作畦的作業，可以將土壤變成通氣性佳、排水良好的良田。第6步驟是介紹如何進行鋪地的工程。先將塑膠布攤開，再覆蓋上塑膠紙或乾稻稈，如此可以加強保溫及保溼的效果。

最後的第7步驟就是種植，是指播種或移植幼苗的作業而言。根據蔬菜種類的不同，初學者從移植幼苗開始可以降低失敗率。接著再介紹如何將支柱撐起架成拱門狀，再從上面覆蓋寒冷紗或不織布的「拱門棚」。在拱門棚裡培育蔬菜，可以提高保溫效果，同時預防防蟲害。在此也一併說明種植小黃瓜、蕃茄、茄子、青椒等蔬菜時需要「架設支柱」的作業方法。

菜園整地所需的4種要素

土壤

土壤是由細砂和有機物質所組成。植物在土壤中伸展根部來支撐主體、吸收水分和養分，所以排水良好、通氣性佳的土壤是最優質的土壤。

石灰

鹼性成分會被雨水沖刷，或被植物吸收，使土壤慢慢變成酸性。中和其酸性就是石灰的主要作用。

堆肥

堆肥最主要是刺激土壤裡的生物活躍起來，是讓土壤鬆軟所必須的物質，有腐葉土、牛糞等各種不同種類。

肥料

含有植物生長所需的氮、磷、鉀三大豐富營養素。但本書不使用化學肥料而使用有機肥料。

step 4 施肥

田裡施放的肥料最好是少一點。有機肥料和化學肥料比起來，效果顯現較慢，因此和堆肥一樣，請於2週前將肥料混入。施肥後進行作畦作業。將土壤壟起於中央，再以板狀耙子等將表面整平即可。

P.35~

step 5 作畦

P.39

step 6 鋪圓孔塑膠布

將圓孔塑膠布覆蓋於田畦上，塑膠布和田畦之間不可留縫隙，必須緊密貼合。鋪完後才將種植用的圓孔打開。

P.40~

step 7 種植（植苗‧播種）

田地完成後，終於可以將幼苗植入。事先稍微以水浸泡後再植入會比較好。如果是種播的話，最好將種子浸泡一晚後再播入較容易發芽。

P.42~

製作防護拱門棚

若擔心遭受蟲害，可以架設拱門棚。將支柱組合成拱門狀，再覆蓋寒冷紗或不織布。

P.45

架設支柱

蕃茄或小黃瓜等蔬菜需要架設支柱。基本上支柱的架設和種植是同時期進行。

P.46~

step 1 鬆土

讓土壤飽含空氣而變鬆軟

整地的第1步驟就是鬆土。為了讓植物的根容易伸展，必須將整塊地的土壤變鬆軟。自家庭園當然需要整地，就連像市民農園這種有某種管理程度的地方也是如此，鬆土可以說是整地的最重要步驟。所以千萬不要著急，慢慢地花點時間仔細地進行這項工作。

鬆土的方法是利用鐵鍬或鋤頭，透過將土壤掘起的方式讓土壤飽含空氣，此時也同時去除雜草或石頭等阻礙物。若是使用市民農園，則要將前年使用者殘留在土壤中的蔬菜或塑膠繩等東西清除乾淨。此外若有土塊等東西時，請用鐵鍬或鋤頭將其敲成細碎狀。如果小石頭實在太多的話，可以在農業中心購買簡易的篩子，就能順利地進行作業。

若該塊地是第一次種菜的話，鬆土時還要仔細觀察土壤的狀況。像是「土壤變硬是因為排水不良而造成堆肥過多嗎」等概念，都可作為今後整地的參考。

必要的工具！

鐵鍬
整地必備品。前端尖形的鐵鍬較容易使用。

鋤頭
可以將土壤挖掘起來，還可用於作畦，一定要準備好。

三爪耙
除了可將硬土掘起之外，還可用於根菜類蔬菜收成時，用途非常廣泛。

↑拔除雜草

開墾土地上的雜草要全部拔除。可使用鐵鍬或鐮刀等，將雜草連根去除。若殘留根部可能會再次長出來，要特別注意。

→以鐵鍬或鐵耙鬆土

鬆土時順便將土塊敲成細碎狀，基本上都是採取緩慢往前方挖掘前進的方式進行。

建議

基本深度為30～40cm

除了不需深耕也可以生長的農作物之外，基本上都需要30～40㎝的深度，根據栽種的蔬菜種類所需，可能需要挖掘更深。

小叮嚀！

鬆土後不要立刻整地

鬆土後請勿立刻整地。掘起的土壤任其放置片刻，讓空氣全面流通貫穿，可以活化土壤。

小知識

+α 可以消滅病原菌的「翻土」是什麼？

若該土地是第一次種植蔬菜，如果時間充裕的話，就應該挑戰一下「翻土」。所謂的「翻土」就是將土壤挖起約1m，讓深層土和表層土進行交換，具有讓土地新鮮化的效果。進行翻土時，順便將深層的硬土敲鬆，讓田地排水良好，蔬菜的根才可以健康地生長。如果在冬天進行翻土作業的話，當深層土接觸到冷空氣時，還可以將病原菌消滅。雖不是絕對必須做的作業，卻是可以牢記的小技巧。

想要讓蔬菜健康地成長茁壯，土壤的酸鹼值非常重要。我想大家應該也都聽過酸性和鹼性這樣的用語，也就是所謂的「pH值」。

如果土壤的酸鹼值和蔬菜生長所需要的酸鹼值相差太大的話，植物會因為不容易吸收養分而造成病菌肆虐，產生各種不良的影響。

蔬菜所喜歡的酸鹼值是介於弱酸性和中性之間。日本的土壤原本就是弱酸性，但因為太容易轉變為酸性，所以播種和移植之前，一定要中和土壤的酸鹼值。此時就須要利用鹼性的石灰。

石灰分為苦土石灰和消石灰等種類，但如果是用於有機・無毒栽培，建議使用以貝殼或蟹殼等甲殼為原料的有機石灰。有機石灰的功效穩定，效果較為持久，對於土壤和蔬菜來說，是屬於較溫和的資材。

作業的方式很簡單，只要在鬆土後的田地上撒上有機石灰，再以鐵鍬等混入土裡即可。1㎡的面積約需石灰量200~400g，有時會依據土壤的pH值或所栽種的蔬菜不同，所需的石灰份量也會做些許的調整。

如果非常在意準確度的話，可以去農業中心購買pH值檢測器來使用。

step 2 撒石灰

中和酸性土壤讓土地翻新

↑撒上石灰混入

準備適量的石灰，全面撒在土壤上，再以鐵耙或鐵鍬等將石灰混入土壤裡。如果是使用有機石灰的話，在第3步驟（參考P30）混入堆肥時，可以同時將石灰混入。

必要的工具！

有機石灰

甲殼石灰也稱為有機石灰。強力推薦用於有機栽培。

苦土石灰

由石灰岩採取出來的苦土石灰，加入土壤裡，具有補充鎂的效果。

燻炭

燻炭也可用於中和土壤，含鉀是其主要特徵。

建議

弱酸性土壤最理想

除了茶樹及藍莓之外，大部分的作物都比較適合弱酸性（pH 6.0~6.5）的土壤，可以配合農作物稍微調整石灰的份量。

小叮嚀！

石灰勿撒過量

要特別注意石灰份量不可過多。如果太過鹼性的話，對土壤裡的生物會產生傷害，因此，大約比自己所感覺的再少一點應該就可以了。

step 3 摻入堆肥

讓土壤鬆軟、通氣性佳、排水良好

將有機石灰混進土壤後，就要混入堆肥了，摻入堆肥可以讓土壤排水性良好，成為保水性佳的理想土壤。

堆肥是肥料的一種，但未經處理可說是幾乎沒有營養可言。如果是施放肥料，立刻就會發揮效果，而堆肥卻要先讓土壤裡的生物分解後，才能轉換成作物可以吸收的營養素，因此，最慢在種植前2週，就必須先進行堆肥，這一點非常重要。

堆肥可使用腐葉土、或以樹皮為主的樹皮堆肥、牛糞等。如果不在意花費時間或工夫的話，使用自己做的堆肥（參照左頁）最好。不管哪一種堆肥，和肥料比起來，雖無法發揮立即性的效果，但是可以緩慢地發揮長時間的效果是其主要特徵。堆肥除了可讓土壤裡的生物活化、轉化成作物所需要的養份，同時也可以讓土壤變得鬆軟，可說是有機栽培要種出好吃蔬菜不可缺少的要素。

根據蔬菜種類不同，摻入的堆肥量也會有所不同，1㎡的面積約3～5kg最為恰當。一次放太多量容易變硬，所以務必要充分混入土壤裡。若同時加入改良土壤用的生菌材料，能做出更理想的土壤。

必要的工具！

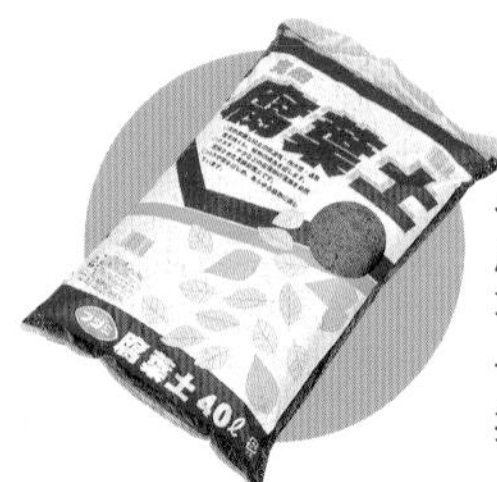

腐葉土

以枯葉為原料作成的堆肥。如果不清楚該選擇哪一種堆肥，就選擇這種吧！

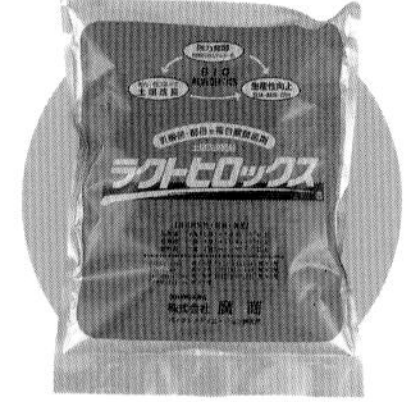

土壤改良用生菌

屬於土壤改良用生菌資材的一種。發酵菌可以強力分解有機物。

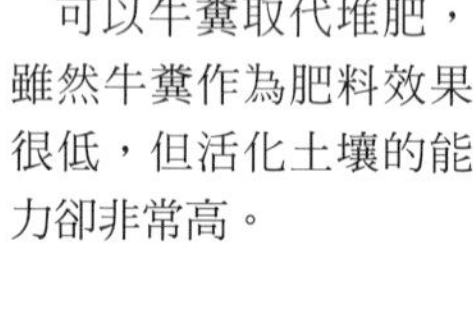

↑ **牛糞堆肥**

可以牛糞取代堆肥，雖然牛糞作為肥料效果很低，但活化土壤的能力卻非常高。

← **腐葉土**

以枯葉等發酵而成，若發酵不足會在土壤中發熱，造成植物根部的傷害，選擇時要特別注意。

← **使用鐵鍬等工具仔細地摻入**

大略地撒下堆肥後，以鐵鍬等和土壤混合。為了避免堆肥硬化，要仔細鬆開後混入土壤裡。

建議

以堆肥恢復優良土壤

堆肥具有讓土壤再生的能力。在不清楚之前到底種過什麼蔬菜的前提下，最好摻入堆肥，恢復土壤的生命力。

小叮嚀

牛糞和雞糞不同

牛糞和雞糞，雖然都是以動物的糞便為原料作成的資材，但效果卻是完全不同。雞糞是屬於肥料，不可作為堆肥使用。

自行製作堆肥！

利用落葉、乾稻稈、廚餘等製作看看吧！

　剛開始種菜時，雖然田地很小，但是慢慢習慣種出各種蔬菜後，管理的田地也會越來越寬，堆肥會變成一個問題，因為堆肥一次所需的量非常大，若田地越大，也會造成經濟上沉重的負擔。那麼不如自己動手做堆肥看看吧！因為手做堆肥是以落葉或米糠、廚餘等作為原料，價格便宜非常地吸引人。

　一說到自己動手做堆肥，很多人都會覺得非常麻煩，但是只要你懂得訣竅，其實也不會太費工夫。最近自己動手做堆肥的人越來越多，市面上也有販賣各種道具，即使是初學者也可以簡單做出堆肥。下一頁開始就會介紹製作代表性堆肥的方法，一定要挑戰看看。

※堆肥的製作方法●詳細的順序請參照P32！

以落葉和米糠做出 腐葉土堆肥

使用橡樹或櫟樹的落葉做成的腐葉土堆肥。完成時間約需半年至1年。雖然需要較大的空間及工夫，但一次可以大量製作為其優點。詳細作法請參照P32。

以廚餘處理器做出 廚餘堆肥

使用家庭廚餘做成的堆肥。缺點是會產生臭味，但是處理垃圾卻是非常方便。使用市售的廚餘處理器製作非常容易。詳細作法請參照P32。

小知識

+α

種菜最適合的土壤

↓

「團粒構造」的土壤是什麼呢？

排水良好或保水性佳的土壤，都是靠其中的微生物幫忙

　土壤分為黏土質或砂土質等不同類型，但是最適合種菜的土質，就是被稱為團粒構造的土壤。

　所謂的「團粒構造」是指土壤中的粒子黏合成團粒的狀態，團粒與團粒之間有空間，因此擁有通氣性佳、排水良好的特徵。此外，一個個團粒都可以存蓄水分，保水性也會變好。

　要形成這種團粒結構，就必須靠存活在土壤裡的菌類和蚯蚓等生物。透過土壤裡生物的活動，將枯葉或生物死骸等有機物質進行分解，土壤生物釋出的黏液或糞便等，會將土和土連結起來成為團粒狀。

　土壤裡摻入堆肥後，堆肥會成為誘餌，讓土壤裡的生物活動力旺盛，土壤自然形成團粒化。土壤裡的生物不斷增生，就可以取得自然的平衡而成為優質土壤，當然可以避免不好的病毒或細菌大量發生。

團粒構造土壤？→簡單的辨別法

12首先，以手抓起想要檢查的土壤大約一把的量，輕輕地握住觀察。

34將手掌打開，以手指夾住硬土壤。此時如果土壤成為鬆鬆的粒狀，這就是所謂團粒構造的土壤。

自家乾燥堆肥的4種方法

腐葉土堆肥

方法1 木箱裡放進落葉和米糠

如果田地或院子裡空間足夠的話，可以挑戰以橡樹和櫟樹的落葉做出腐葉土堆肥。條件俱足的話，微生物會將落葉自然分解，約半年～1年就可以完成堆肥。

作法如下所述。落葉飽含水分，連同米糠一起堆積在木箱裡，透過微生物作用可以使落葉發酵。關鍵在於溫度管理，堆積的落葉經過幾天後，會因為發酵使得中心部份產生超過60度的高溫，若溫度太高會殺死微生物，因此為了讓空氣進入，請整個重新混合讓溫度下降。這種作業稱為「翻攪」，重複幾次翻攪之後溫度就會穩定下來，接著只要放置片刻就完成了。

除了米糠之外，也可以加入魚粉或油渣。

◎準備物品

- 橡樹或櫟樹的落葉
- 膠合板3片 ※約90cm×180cm
- 木棒或竹棒
- 米糠
- 裝水的水桶
- 藍色塑膠布
- 繩子

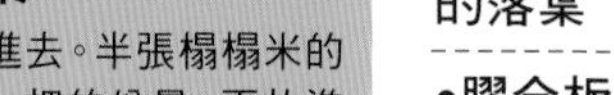

豎立膠合板作為木框

將木棒或竹棒插入地面作為支柱，再豎立膠合板(90cm X 180cm)作為木框。左方的照片使用3片膠合板，其中1片是切半使用。

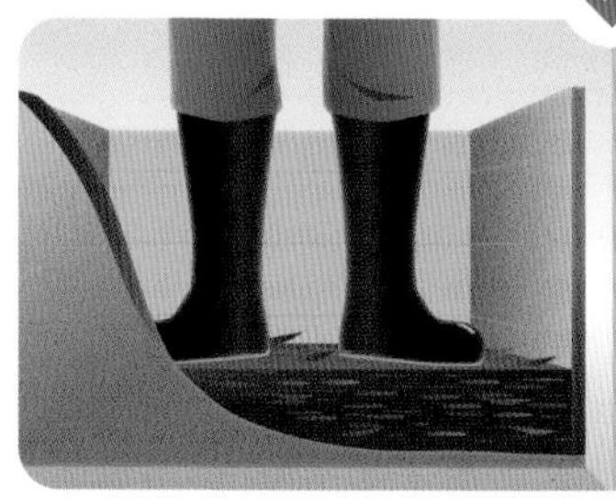

放入大量落葉澆水

準備大量的橡樹或櫟樹落葉。在木框中堆積約40cm厚度的落葉，加入大量的水之後用腳踩踏使其穩固。加入大量水分是其訣竅。

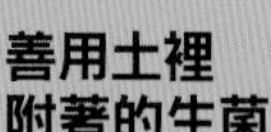

撒上米糠後，堆上落葉

將米糠放進去。半張榻榻米的大小約需一把的份量，再放進落葉約40cm後加滿水，相同的作業重複進行。

善用土裡附著的生菌

在山裡或雜木林裡落葉堆積的地方，移開落葉後會發現白色的黴塊，撿起來後弄碎撒進木箱的落葉堆裡，可以促進發酵。

覆蓋塑膠布約放置半年

堆肥堆好後以塑膠布覆蓋。2～3天後會開始發酵，溫度會慢慢上升，再以鐵鍬翻攪數次後，溫度就會穩定。

發酵完成後，腐葉土堆肥就完成了

依條件不同，完成後放半年～1年即可發酵完成，成為鬆鬆軟軟的腐葉土堆肥。未熟成的堆肥，會對蔬菜造成損害，一定要確實等到發出土壤香味為止。

方法2 將落葉堆進塑膠袋裡

使用塑膠袋也可以做出腐葉土堆肥。雖然不能大量製作，但方法簡單是其令人喜愛之處。

製作方法基本上和右述的腐葉土堆肥相同，將含水分的落葉和米糠、油渣等一起放進塑膠袋裡，只要放置於日照充足的地方即可。改變放置的方向可使發酵平均，偶爾搓動塑膠袋讓落葉鬆開。

◎準備物品

- 橡樹或櫟樹的落葉
- 塑膠袋（大）
- 米糠
- 裝水的水桶
- 繩子

讓落葉吸飽水分

聚集橡樹或櫟樹的落葉，去除堅硬的樹枝，在落葉上撒水使其充分濕潤後，穿著長靴從上面踩踏使其紮實變硬。

裝進塑膠袋裡

塑膠袋底下先開個孔，將1～2把米糠放入，邊混合邊將落葉塞滿。任何顏色的塑膠袋都OK，透明的也可以。

偶爾補充水分

為了將水倒入，可以將塑膠袋袋口略微綁鬆一點，放置於日照充足的地方。偶爾需補充水分，多餘的水分會從袋底的孔流出去。

變換重疊順序，放置半年以上發酵

若同時有好幾個袋子，可像左圖一樣堆疊放置。偶爾改變重疊順序，可取代攪拌使發酵平均。約半年～1年即可完成。

方法3 使用廚餘處理器就可以輕鬆作成堆肥

使用廚餘處理器做成的廚餘堆肥，可將每日製造出的廚餘做有效的處理，非常方便。材料除了廚餘之外，也可以使用落葉、雜草或蔬菜殘渣。製作重點在於盡量減少材料的水分。將廚餘水分去除後，和落葉等放置於通風良好、日照充足處，乾燥後使用。順利的話，半年～1年即可完成。

◎準備物品

- 廚餘
- 橡樹或櫟樹的落葉
- 乾燥土
- 廚餘處理器
- 藍色塑膠布

減少廚餘的水分

將廚餘的水分去除後，和落葉等放置於通風良好、日照充足的地方，乾燥後使用。避免使用鹽分過多的廚餘，夏天不可使用蛋白質廚餘。

覆蓋乾燥土

廚餘放進處理器後，覆蓋乾燥土可以避免惡臭和蟲子產生，土裡的微生物可以促使廚餘或落葉發酵。

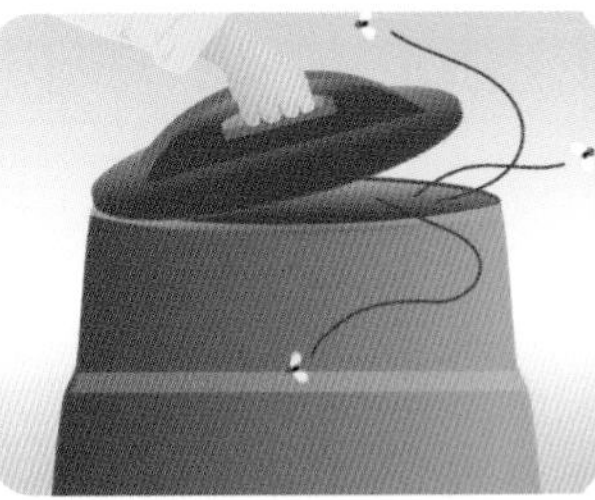

即使引來蟲子還是要繼續放置

夏天容易引來蟲子或產生惡臭，千萬不要噴灑藥劑，可以覆蓋土壤後再蓋上蓋子。到了秋天堆肥就能完成。

滿了後請上下交換位置

取下容器後將堆肥放置於其他地方，未熟（上方）的部份再放回容器裡。已完成的部份（下方）使用之前則時先以塑膠布覆蓋。

方法4 在自家陽台也能輕鬆完成

在此介紹不必擔心惡臭或蟲子，在陽台也能製作廚餘堆肥的方法。雖然需花費工夫，但夏天只需1個月，冬天只需2個月的超快速度是其魅力所在。此方式的特徵是將廚餘切細來縮短發酵時間。大部分的廚餘都可使用，但仍要避免分解費時的骨頭或貝殼，以及鹽分多的廚餘、豬或牛骨等。

◎準備物品

- 廚餘
- 微生物發酵促進劑
- 廚餘處理器
- 土（紅玉土、腐葉土等）
- 鏟子、報紙等

自宅也能做出乾燥堆肥

將廚餘切細

新鮮的廚餘切成細碎狀，蔬菜葉、果皮等切成2～3cm。青蔥因為有纖維，所以要儘可能切細，蛋殼也敲碎使用。

將水分去除

將水分去除是很重要的步驟，茶葉渣或咖啡渣等以手用力捏緊將水分釋出，紅茶包只取出紅茶渣使用即可。

將廚餘放進容器裡

處理器裡先放一個底部開孔的塑膠袋，撒上1大匙的發酵促進劑，再放入以網子將水分過濾掉的廚餘。（廚餘500g的情況下）

撒上發酵促進劑

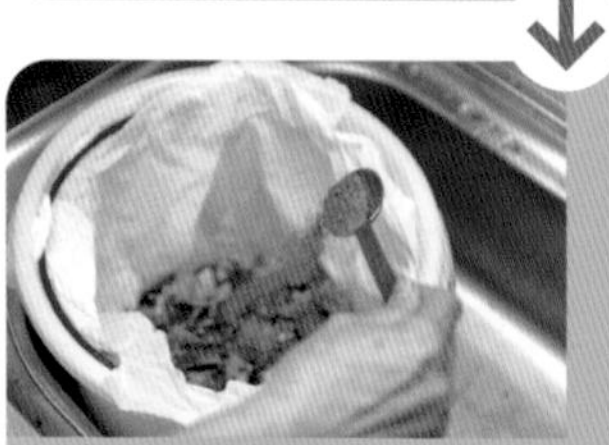

接著在整個廚餘表面撒下2～3杯的發酵促進劑。若有魚皮或骨頭等蛋白質廚餘時，最好是多放一點發酵促進劑。

將廚餘充份混合

將廚餘和發酵促進劑充份混合，混合後將塑膠袋裡的空氣擠壓出來，將蓋子蓋上後，當日的作業就算完成。

追加廚餘

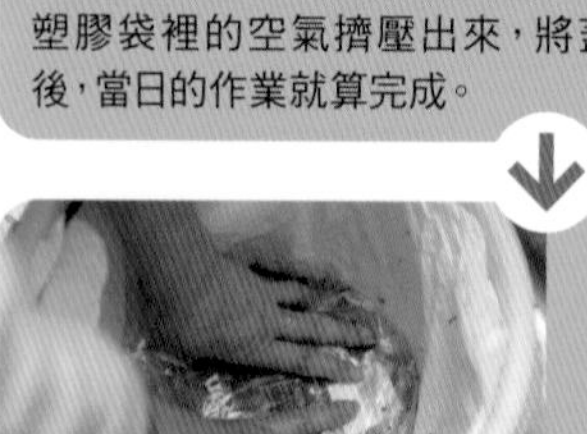

隔天若有新的廚餘，一樣放進處理器裡，重複相同的程序後蓋上蓋子。這種作業持續1週即停止，接著蓋上蓋子放置1週。

1週即可完成發酵

1週後發出糠一般味道時，表示發酵完成。最好將容器放置廚房角落或陽台，底層滑溜的液體以水稀釋可當成液體肥料。

第2階段發酵開始

接著進行第2階段的發酵程序。準備好花盆、紅玉土、乾燥腐葉土、盆栽使用的舊土、報紙、塑膠袋、繩子等物品。

將廚餘放進花盆裡

將紅玉土和腐葉土以1：1的比例混合放進花盆裡，腐葉土如果是溼的，必須等乾燥後才可使用。再將已發酵的廚餘放入。

以小鏟子混合

發酵廚餘的份量最多不能超過全體份量的2成。利用小鏟子將土灑在發酵廚餘上全面混合。

掩蓋上舊土

使用過的舊土（乾燥）約覆蓋5cm厚。以土來替代蓋子。花盆底層鋪上竹簾使通風順暢。

蓋上折疊報紙

為了吸取多餘的水分，土上先覆蓋報紙，再蓋上塑膠布以繩子綁起來。報紙若潮濕就必須更換。

當土發出味道時即完成

3～4週期間，為了避免蟲子和雨水，必須覆蓋塑膠布。當土發出味道時就表示完成。夏天只需1個月，冬天也只需2個月。

有機栽培時會使用米糠、雞糞、骨粉、油渣等有機肥料。有機肥料比起化學肥料，效果較為緩慢，到作為肥料真正發揮效果為止，需要很長的時間。和堆肥一樣，最好提早在播種（或移植）前2週進行比較好。

在此推薦的肥料是米糠或雞糞。含有均衡的氮、磷、鉀，比較便宜也容易取得，最適合初學者使用。市面上還有以其他營養成分調整且使用方便的有機肥料可供選擇，請試用比較看看吧！

肥料施放的分量因蔬菜而有所不同，例如使用米糠或雞糞的狀況下，像菠菜和小松菜等小型葉菜，1㎡左右約需200g~300g。而大型葉菜、果菜、根菜則1㎡左右約需500g。但是西瓜或草莓等需要更多的肥料，而地瓜、毛豆的肥料卻要少一點才會結出較大的果實等，當然也有例外。有關於各種蔬菜所需要的肥料量，在P49「25種人氣蔬菜的栽種方法」裡有詳細的敘述，請務必參考看看。

step 4 施肥

均衡補給蔬菜所需的三大營養素

↓田裡挖溝後施肥

絕對必要！！

有機混合肥料

含有各種有機物質的肥料。種類豐富，使用範圍廣泛且方便。

發酵雞糞

以雞糞為原料的肥料，比起其他有機肥料，分解力較快速，具有立即性效果。

發酵油渣

以植物油為原料的肥料，發酵過後的油渣比起一般油渣效果更快速。

米糠。比起雞糞氮含量較少，但營養非常均衡，是值得推薦的肥料。

建議

適合蔬菜的肥料！

選擇蔬菜適合的肥料是關鍵點。果菜類需要多些磷酸、葉菜類需要多些氮肥、根菜類則需要多些鉀肥，蔬菜才能健康生長。

小叮嚀！

肥料不可過量

如果你認為肥料給的越多蔬菜就會長的越好，那可真是大錯特錯。肥料過多會使蔬菜虛弱，造成病蟲害的原因，控制肥料份量是重要訣竅。

「肥料＝基肥＋追肥」

肥料的基本知識 1

施肥的方法非常重要。絕對不可一開始就將蔬菜所需要的肥料量全部撒下。因為大部分的土壤裡都還殘留著前次蔬菜未用完的肥料，所以往往會造成肥料過多的現象。因此，施放肥料的方法也要下工夫，才能控制肥料的效果。

肥料的施放方法分為「基肥」和「追肥」兩種，將這兩種施肥方法配合使用是基本概念。所謂「基肥」，是在播種或移植之前，在田裡事先施放肥料的方法。另外的「追肥」是配合作物生長適時補充肥料的方法。像菠菜或高麗菜等，一開始就需要較多肥料的蔬菜，就要以基肥為主而控制追肥部份。小黃瓜或蕃茄、茄子等果菜，為了避免營養中斷必須頻繁地施放追肥。總之，要配合蔬菜的需求，均衡基肥和追肥的份量。

肥料根據效果分為基肥和追肥。肥料效果較長的米糠或油渣適合做基肥，而效果較快的雞糞及有機肥料作為追肥較恰當。

具體舉例

基肥……→米糠、油渣等

追肥……→雞糞、發酵有機肥料等

※P38所介紹的「發酵有機肥料」，兩者皆可使用，非常方便。

小知識 +α

什麼是蔬菜生長所需要的營養素？

蔬菜健康成長所需要的主要營養素有左列5種。其中最為重要的就是氮、磷、鉀3大營養素。氮肥可以使菜葉茂盛、磷酸可以幫助根、新芽、花、花蕾、果實生長。而鉀肥可以加強光合作用，使芋薯類的根部肥大。

所以選擇肥料時，先確認這3大營養素是否均衡，再選擇含有蔬菜所需營養素較多的肥料。能夠充分了解各種營養素的作用，一定能種出更優質的蔬菜。

3大營養素

N 氮＝葉肥

米糠、油渣、雞糞等

所謂的葉肥，就是能讓葉或莖生長茂盛的元素，所有的蔬菜都需要，特別是葉菜類需要更多量。

P 磷酸＝果實肥

米糠、骨粉、魚粉等

所謂的果實肥，就是提供根或新芽、花、果實生長所需的營養素，也可以讓果菜的果實和花長得更好。

K 鉀＝根肥

草木灰、燻炭等

所謂根肥，可以加強光合作用，使芋薯類或豆類的更肥大。抑制氮肥量也可以達到這種效果。

其他營養素

Ca 鈣

具有調節土壤酸鹼度的作用，石灰裡含量最多，想要補充植物鈣質時，可以使用石灰。

Mg 鎂

生成葉綠素所需要的元素。若含量不足會造成葉片變黃、生長遲緩。苦土石灰裡含量最多。

根據蔬菜種類改變施肥方式

肥料的基本知識②

讓蔬菜健康成長茁壯的秘訣就是肥料量不可太多。堆肥充足的話，肥料就可以少點，以取得適當的平衡。肥料少的情況下，蔬菜吸收營養的效率也不得不提高。所以，該如何將肥料施放進土壤裡就變得非常重要了。

生長期間較長的蔬菜，肥料要放進較深的位置，葉菜類的肥料和整體土壤混合後效果較佳。配合蔬菜的種類和特徵來改變施肥的方式。

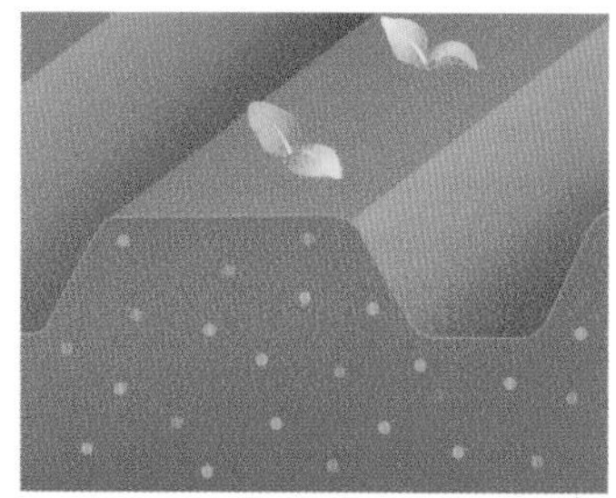

葉菜類蔬菜…

全面施肥

將肥料施放於整個田裡，把肥料和土壤充分混合後摻入的方法稱為「全面施肥」，適合用於菠菜及高麗菜等葉菜類。

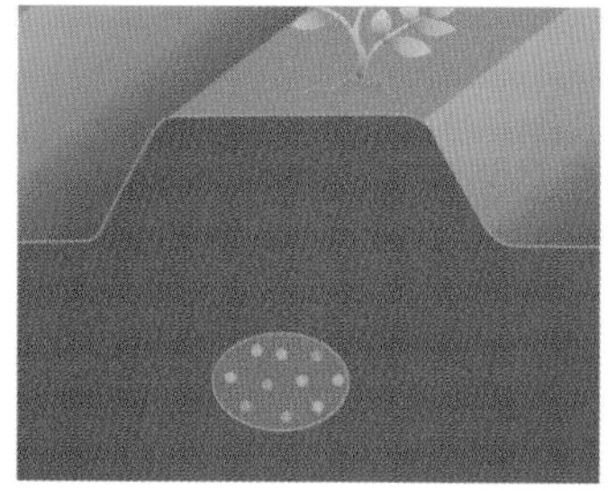

根菜類蔬菜…

施放於略遠處

將肥料施放於田畦和田畦之間、田畦兩側的通路，或者是施放在植株兩側。適合用於白蘿蔔和紅蘿蔔等根部伸展較深的蔬菜，也稱為「部分施肥」，有關於「部分施肥」的詳細敘述請參照次頁。

生長期長的蔬菜…

施放在蔬菜根正下方

適合馬鈴薯和蕃茄等生長期較長的蔬菜所使用的施肥方式，將肥料施放在植株根部的正下方是主要特徵。將肥料直接施放於植物正下方較深的土壤裡，要注意不要直接觸碰根部。

小知識

+α 熟記追肥的秘訣吧！

上述所介紹的是基肥的施放方法，和追肥的施放方法不同，要特別注意。基肥是在整地階段就先混合在土讓裡了，追肥時已經有植株了，所以如果太粗心挖掘土壤的話容易傷害植株根部。將追肥施放於土壤表面是既定原則。

\秘訣①/

配合生長施肥於略遠處

肥料如果直接接觸蔬菜根部的話，容易對蔬菜造成各種不良影響。追肥時蔬菜已經開始生長，所以施肥時要在距離根部稍遠處較好。

\秘訣②/

施放於田畦邊

蕃茄和茄子等蔬菜接近收穫期時若要進行追肥，可以將肥施放在田畦邊。如果田畦整個已經鋪上塑膠布時，可以將塑膠布掀開後再施放，若覺得太麻煩，施放在通路上也可以。

\秘訣③/

利用液肥

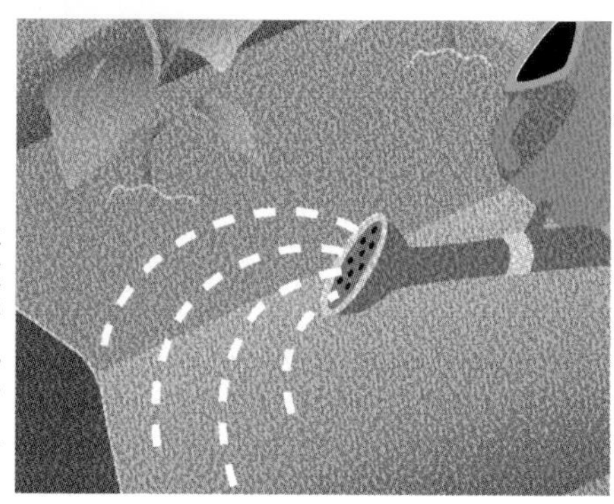

如果使用液肥的話要先以水稀釋，再用澆水器灑在蔬菜根部。市售液肥請確實遵守稀釋倍數，稀釋後再使用。也可以在桶子裡放水後加入少許雞糞浸泡片刻，僅使用上層清徹的液體即可。

「部分施肥」的多樣性

肥料的基本知識③

部分施肥是避免肥料效果太強的方法，關鍵在於離蔬菜略遠處施肥。部分施肥蔬菜根部不會直接碰觸肥料，也就不用擔心引起肥燒現象。此外，將肥料施放於略遠處，當蔬菜需要攝取肥料時，根部會不斷延伸，如此一來，就可以栽培出根部紮實的健康蔬菜。這也是部分施肥的好處之一。

在此介紹各種部分施肥的方式。

田畦種植1列時…

施放於田畦兩側

田畦如果只種植一列蔬菜的話，就將肥料埋進田畦兩側，除了白蘿蔔和紅蘿蔔等根菜類之外，蕃茄或茄子等各種蔬菜都適用。

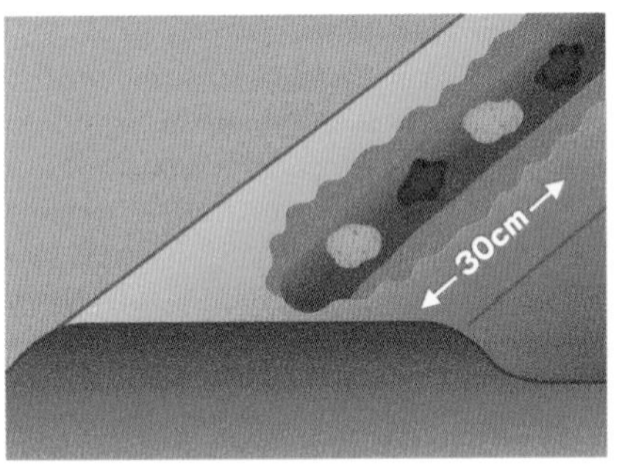

田畦種植2列時…

施放於田畦中央

在寬度較寬的田畦種植2列蔬菜時，可以將肥料埋在田畦中央，這樣就不用擔心根部和肥料接觸的問題。

配合各種蔬菜…

施肥於蔬菜與蔬菜之間

30cm

也可以將肥料埋進蔬菜與蔬菜之間的空隙，如果肥料距離蔬菜太近，就不能稱為部份施肥，因此要特別注意。像馬鈴薯之間的適量距離至少需30cm以上。

小知識 +α

以米糠做成的發酵有機肥料是什麼？

所謂的「發酵有機肥料」是指將米糠等有機肥料發酵後的肥料，具有即效性且效果較為持久。基肥當然也可當作追肥使用。雖然市面上販售各種米糠發酵的肥料，但我們還是建議最好自行製作發酵肥料。

作法其實非常簡單，將米糠、魚粉、豆腐渣等有機物質和牛糞堆肥或田裡的土等混合後，加入水分放進桶子裡就OK了。夏天約需1週，冬天需2週就可以完成有機肥料。

材料範例（8公升的桶子）

- **米糠……1～2kg**
- **魚粉……約500g**
- **豆腐渣（乾燥）……約500g**
- **水……適量**
- **牛糞堆肥……約2公升**

材料混合成微濕的狀態

將材料混合。充份混合後倒入去除石灰的水，水量正好滿過即可再次拌和，成為輕握成團狀、輕壓卻又會崩壞的程度即可。

裝進桶子裡放置1週陰乾

8公升的桶子裝滿後，蓋上蓋子陰乾即可。當其散發出甜甜的香味時就完成了。保存過久會失去效果，因此做好的有機肥料最好儘早用完。

將田裡的土掘起後，做成的高階狀，就稱為「畦」，種菜時就必須在畝上播種或移植幼苗。田畦完成後，排水才會良好，植物的根才可以輕鬆延伸，因此對蔬菜來說，田畦是健康生長的舒適環境。

雖然做畦要花費一些時間，但並不是什麼困難的事情。重點是儘可能將表面整平即可，播種時如果田畦表面凹凸不平，水份和溫度會產生差異，就會造成發芽時間不一致。對人類來說或許只是些微的凹凸差異，但對直徑只有數釐米的小種子來說，可是非常大的生長障礙。還有，即使順利發芽，凹洞容易滯留雨水，造成幼苗的根部腐爛，因此整地作畦時，一定要仔細地進行。

田畦的寬度，雖然一般是以60～160cm左右的大小為主，但也會根據蔬菜栽種幾列而稍作改變，諸如這些事項在事前就應該詳細計劃。至於田畦的高度也應該根據蔬菜做改變才恰當，一般蔬菜約15～20cm就足夠了，但是像白蘿蔔這種根部會往地底深處生長的蔬菜，至少需要30cm左右的高度。

step 5 作畦

將土壟起做成適合蔬菜生長的溫床

↓ 作畦的基本方法

將土壤掘起

以鐵鍬或鐵耙等作畦，先將兩旁的土壤往中央掘起，在周圍作出濠溝。田畦的寬度視田地大小及蔬菜的列數來決定。

以T字耙將田畦表面整平

將挖掘起來的土壤表面整平。從田畦的一端以T字耙拖曳整平，儘可能不要傾斜。田畦高度約15～20cm就可以符合多數蔬菜的需求。

輕壓表面整理田畦形狀

平均輕壓田畦表面，讓田畦變硬。以T字耙的板面輕壓表面，將凹凸面整平。田畦表面確實壓平可以避免水分蒸發。

絕對必要！

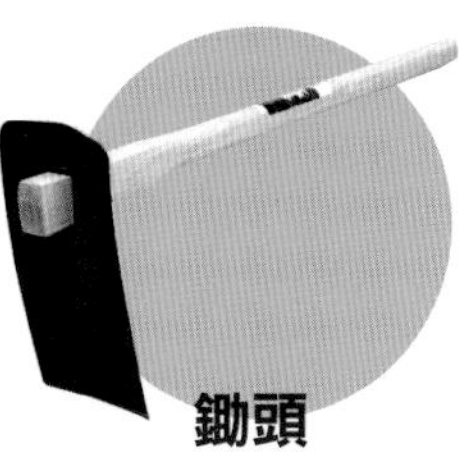

鋤頭

T字耙將田畦整平之前需要的工具。要先以鋤頭將土掘起後，才能夠做出較大面積的田畦。

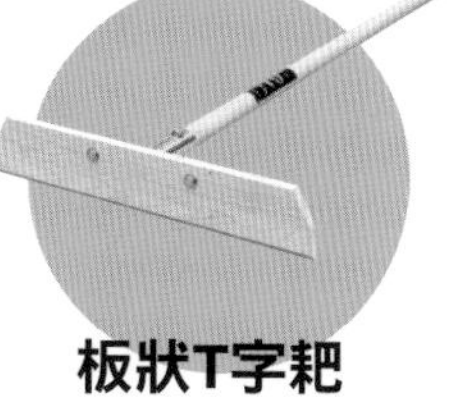

板狀T字耙

作畦必備的工具。通稱為T字耙，材質有鐵製和鋁製，但木製較為輕便，容易使用。

→ 埋進肥料後即可作畦

因為要使表面確實固定，所以作畦之前要先將肥料埋進土壤裡。

建議

田畦寬度60cm、90cm、150cm

田畦寬度一般約為60cm、90cm、150cm，因為市售的塑膠布也都以這三種尺寸為主，所以不管選擇哪一種尺寸都很容易鋪展。

小叮嚀

盡量將表面整平

田畦表面凹凸不平，不只保水性不佳，也不容易鋪塑膠布。請務必耐心地將田畦表面整平。

step 6 覆蓋塑膠布

田畦整平後要覆蓋塑膠布

所謂鋪地，就是以塑膠布或乾稻稈等物將土壤表面覆蓋。田畦覆蓋塑膠布可以確保土壤適度的溫度，即使在低溫的初春季節，也能孕育出充滿活力的蔬菜，另外也有保持土壤水分的功效，就算一直到收穫為止都不給水，也可以確保蔬菜成長，可說是很大的優點。

下大雨時，蔬菜會沾滿泥濘，肥料也會隨之流失，事前若鋪塑膠布的話，就不用擔心了。下過大雨後田畦會崩壞，土壤也會變得不堅固，若鋪了塑膠布，事後做起掘土等修補工作也會比較輕鬆。

塑膠布和乾稻稈二者皆可以使用，但對於初學者來說，使用便宜的塑膠布可能會比較好。和乾稻稈不一樣，在農具販賣中心就可以輕鬆購得，非常方便。

鋪塑膠布的作業，開始時可能會覺得很花時間，一旦習慣也就不覺得困難了。能夠讓蔬菜健康成長，又可以減少修補田地的時間，塑膠布的存在彷佛替初學者打了一劑強心針。請參照左頁的解說和順序，親自動手做看看吧！

↑ **移植幼苗之前要先開圓孔**

塑膠布鋪好後，最後要開出播種或植苗的圓孔，雖然可以使用鏟子或剪刀，但專用的開孔器非常方便，可以簡單開出漂亮的圓孔。

小叮嚀！ 建議

儘可能地拉緊

如果塑膠布鋪展狀況不佳的話，效果可能會減半。下雨可能會積水，刮強風也可能會整個飛掀起來，一定要特別注意。

分別使用不同顏色

塑膠布依其顏色不同效果也不一樣。例如：避免地溫上升要使用透明色、防治害蟲則使用銀色等，最好依需求分別使用。各色的詳細功能請參照左頁。

絕對必要！

塑膠布

顏色、尺寸、有無開孔等各式各樣的形式一應俱全。

覆蓋塑膠布的優點

1. 保持田畦的水分
2. 調節土壤的溫度
3. 下雨時避免肥料流失
4. 避免土壤因雨而鬆散
5. 防止泥濘
6. 防止雜草 ※黑色和銀色塑膠布
7. 具有防蟲效果 ※銀色和白色塑膠布

開孔器或插門等覆蓋塑膠布的周邊道具應有盡有。如果能備齊，將使作業變得更方便。

+α

選擇塑膠布 顏色的基準是…？

塑膠布基本上有各種不同的顏色，各有各的功效。要能夠掌握各種顏色的功效，配合狀況分別使用。順帶一提，人氣最高的是黑色塑膠布，可以完全抑制雜草生成是受歡迎的秘密。保溫性也相當高且使用方便，當你不知道要使用何種顏色時，建議可選擇黑色塑膠布使用。

黑：可以抑制田裡雜草生長是最大的優點，也可以抑制溫度急速上升，屬於保溫效果良好的萬能款。

透明：因為透明，對於提升地面溫度非常方便，但是，要注意雜草叢生。

銀：可以防止蚜蟲等蟲類靠近，建議可用於防治蟲害。也可以抑制雜草生長。

綠：是促進蔬菜生長的顏色。除了可以抑制急速上升的溫度之外，也有抑制雜草的效果。

白：顯然不如銀色塑膠布有效，但也可防治蟲害。黑白兩用型的塑膠布可以抑制地溫上升。

另外…栽培西瓜或南瓜時，以乾稻稈鋪地最合適！

栽培西瓜或南瓜等時，最好是以乾稻稈鋪地。避免果實直接接觸地面，才能收成漂亮的果實。

覆蓋塑膠布的順序

將塑膠布一端展開，暫時以土壤壓住後，再以固定栓固定後展開

鋪好塑膠布的秘訣是先以手拿著塑膠布，在田畦上滾動地拉開，為了避免塑膠布與田畦間產生空隙，田畦表面一定要整平。

配合田畦的寬度和高度

市售的塑膠布寬度有95、135、150、180cm。例如：如果田畦寬60cm、高15cm的話，用95cm的塑膠布最恰當。務必配合田畦的大小選擇。

暫時固定四角

距田畦邊緣約10cm處對準塑膠布的前端，先以固定器暫時固定，如果沒有固定器，就將塑膠布前端以土壤暫時壓住。

將塑膠布整個展開

為了讓田畦表面和塑膠布密合，請將塑膠布在田畦上以滾動的方式展開。全面覆蓋住田畦後以剪刀剪斷，同樣以固定器固定或以土壤暫時固定。

4面邊緣都覆蓋土壤

為了避免塑膠布被風吹掀起，所以4邊以土覆蓋後。邊以腳踩踏，邊以土覆蓋可使塑膠布拉緊。注意不要讓塑膠布鬆動。

踏土固定

最後四邊以泥土固定，腳用力踏讓塑膠布緊緊地固定。

step 7

種植（植苗・播種）

植苗

初次種植者可以購苗栽種

例如蕃茄、茄子、小黃瓜等夏季蔬菜，若想要於6～7月收成的話，就必須在4月中旬～5月連休假日左右種下幼苗。為配合種植的時間，2月底～3月上旬就必須在利用塑膠拱門棚或溫室等製作的溫床上播種育苗。但是，因為育苗需要某些技術，初次種菜的人，建議可去農業中心或種苗店購買幼苗栽種，因此一定要記住如何分辨良苗和劣苗的重點。

經過時間用心孕育出來的幼苗，莖粗且葉與葉之間的節間短，整體呈現矮胖感。避免選擇細細長長或葉片上有蟲啃蝕痕跡、葉片變黃的病態幼苗。

在農業中心這種大型店裡，販賣著各類品種的幼苗，選擇確實標明品種以及栽種方式的幼苗非常重要。另外這種大型店都是一次大量買進幼苗，有時擺放在店面展示的幼苗，都是經過長時間後賣剩的，所以請選購剛進貨不久，生氣蓬勃的幼苗。

← 雙葉展開的幼苗＝良苗

請選擇雙葉確實展開的幼苗，避免選擇雙葉受傷或變形的幼苗。

根部呈現白色＝良苗

健康的幼苗根部是白色。觀察培養盆底下的孔穴確認，避免選擇根部呈褐色的幼苗。根伸展的狀況若和照片一樣就算是良苗，伸展太過也不好。

建議

選苗是成功的第一步

良苗較容易栽培，可以預期長出健康的果實。相反的，劣苗容易生病，無法順利生長。

小叮嚀！

夏季蔬菜需要防寒對策

夏季蔬菜對寒冷特別沒有抵抗力，所以種植前2週左右，要在田畦上先鋪塑膠布使地溫上升，同時將濕度保持在理想狀態。

劣苗

葉片顏色淡

莖短、葉與葉之間間隔長

病態感

蟲蝕痕跡

雙葉受傷或掉落

底穴根呈現褐色

良苗

葉與葉之間的間隔短

雙葉漂亮地展開

莖粗

葉片厚，顏色不會太濃或太淡

未受病害及蟲害

← 分辨良苗和劣苗

最下面的雙葉若受傷或掉落，就是有疾病等問題的象徵。還要避免莖細節間長的幼苗。另外培養盆明明很小植株卻長得很大的幼苗，要特別注意根部過度延伸的可能性。

移植幼苗的順序

看起來空隙很大較佳

蔬菜種類不同所需要的土壤量也不同，因此種植時，確保適當的株間距離非常重要。若株間過於狹小，當蔬菜成長後，葉片容易重疊在一起而導致通風不良，形成病害及蟲害的原因。

株間充分的距離

根據蔬菜種類的不同，株間距離也各異。以捲尺等測量株間，同時將幼苗排列上去。雖然看起來很空曠，但如果株間太擁擠，會互相影響生長而無法健康茁壯。

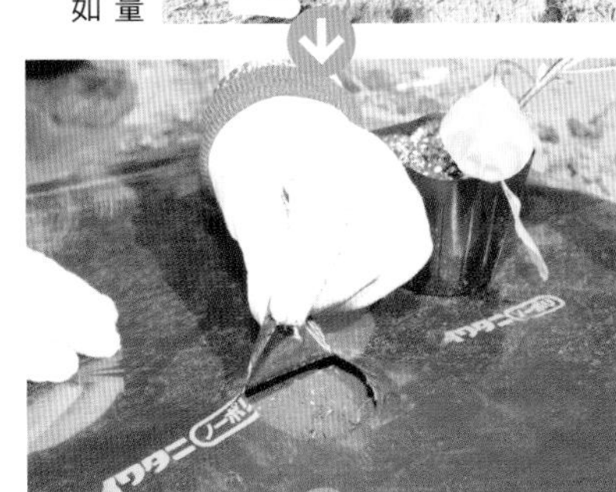

在塑膠布上開孔

鋪塑膠布栽培時，欲種植的位置必須先開孔穴，通常會使用刀片或開孔器，若選擇已經開了縫線的塑膠布，只要用手就可以輕鬆撕下，非常方便。

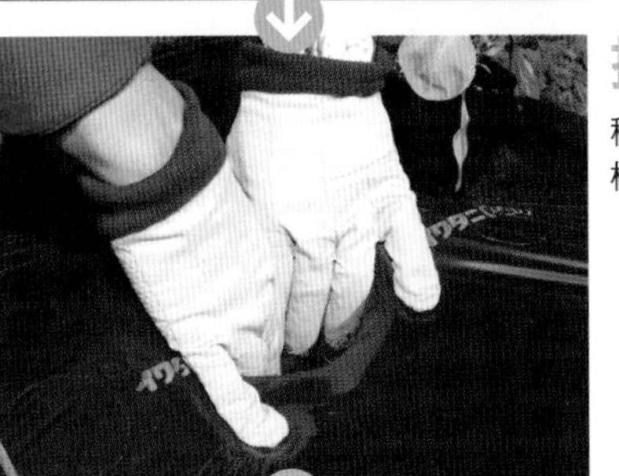

挖植穴

種植幼苗時，挖出比栽培盆略小的植穴即可。

取出略泡過水的幼苗

將略微泡過水的幼苗，連泥土一起從栽培盆裡取出。照片裡為了避免茄子產生病變而在茄子幼苗裡加入蔥的幼苗，種植時混植的情況就是如此。

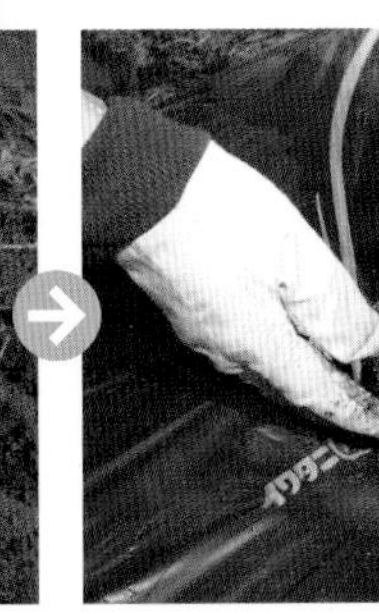

移植幼苗

將連著幼苗的土壤稍微鬆開，放進植穴裡，植穴如果太淺就再挖深一點，若太深就多補一點土，調整至與田畦的高度相當即可。最後輕壓周圍的土。

夏季蔬菜不要忘了防寒對策喔！

夏季蔬菜的幼苗非常難以抵抗寒冷，所以在種植前數週，就必須在田畦上先鋪塑膠布以保持溫度。

田地準備完成後，要避開下雨或刮強風的日子，選擇風和日麗的好天氣種植。拜塑膠布所賜，土壤得以保持適當的溫度和濕度，因此種植後也不需澆水。若以寒冷紗或塑膠拱門棚將幼苗罩住保溫，更是萬無一失。

◎以塑膠袋將幼苗圍住
幼苗周圍豎立4支柱子，再以底部裂開的塑膠袋整個套上去，可以達到保溫的效果。

◎以拱門棚保溫
以寒冷紗或塑膠拱門棚將田畦整個覆蓋住，對防蟲也很有效，5月下旬再視情況撤除。

小知識 +α

小幼苗長大後再種植

夏季蔬菜的幼苗如果太早買回來，可以準備一個更大的栽培盆，裝入土壤作為移植預備。白天放在日照充足的地方，晚上放進室內，將幼苗養大後再移植會比較好。等地溫和氣溫充分上升後再進行種植，會比天寒時種植更健康。

播種

發芽時間一致較容易管理！

如果想要體驗真正的種菜樂趣，那就一定要從播種開始培育蔬菜。小型的蔬菜，只要在田畦上做出一條直淺淺的植溝，將種子直播即可，而大型蔬菜則適合在田畦上取出適當的距離後，一處同時播下數粒種子的點播方式。

播種的重點有以下數點：第一，必須將種子播在約比種子大2～3倍深的植穴，覆蓋土壤後，確實踩踏使其密合。種子和土壤密合除了較容易供給種子發芽所需的水分外，還具有防止水分蒸發的功效。

另外，將種子埋入深度相同的土裡是很重要的事，如此發芽時間才會一致，生長期間的管理工作就會必較輕鬆。對極小粒的種子來說，一點點的凹凸就像是高山和深谷一樣大的差異，所以田畦完成後，必須以平板耙儘可能地將表面整平，這可以說是讓發芽一致的訣竅。

此外，種子播下的數量要比心裡想收成的數量更多才行。因為並非所有播下的種子都一定會發芽，而且在蔬菜生長的過程中會進行2～3次拔除疏苗的工作，將弱株或被蟲啃蝕的幼苗拔除，只留下健康的幼苗繼續生長。

從發芽到結果全程都能親眼看見，收穫時的喜悅絕對能更上一層。先從菠菜或水菜等容易發芽的蔬菜開始挑戰看看吧！

方式1……直播

在整平的田畦上，以木板或角狀物壓出一條淺淺的溝，約距離2cm處播下一粒種子。要特別注意，間隔太過狹小的話，發芽後的間拔工作會非常辛苦。播種結束後，在種子上覆蓋一層土壤，以手或腳確實壓緊，使其密合。

方式2……點播

一個種植處，先以指尖挖出3～5個穴，各播進1粒種子，穴與穴的間隔約2cm左右，發芽後進行間拔，只留下最強壯的一株栽培即可。播種完成後以手掌或腳確實壓緊，使其密合。

種子播的太密或太厚，日後間拔疏苗時會非常辛苦。儘可能等距離播下一粒種子即可。先抓起數粒種子後指尖相互摩擦，種子就會順勢一粒一粒落下。

小知識

+α 進行間拔才能成長茁壯

蔬菜在生長過程中必須歷經數次間拔才能健康茁壯。尚未熟練以前，老是搞不清楚到底要拔哪一株好呢？事實上，這並非困難之事，雙葉畸形或遭蟲啃蝕、過小株或過細長的全部拔除，只留下看起來很有生氣的植株即可。間拔淘汰的蔬菜，可以煮成味噌湯或做成生菜沙拉，非常美味。

根生長的狀況和葉子生長的狀況大約會一致。當根菜類蔬菜進行間拔時，要以葉子的生長情況作為選擇的重點。照片右方就是葉子生長不自然的白蘿蔔，拔起來一看，根果然已經分成兩股了。比起照片左方的白蘿蔔就能一目了然。最好平日就要養成仔細觀察的習慣。

製作防護拱門棚

溫度管理和防鳥的萬全準備

以寒冷紗或不織布做成的拱門棚是簡易溫室的一種。如果和塑膠布同時併用的話，能更確實做好溫度管理，對於防止蟲害或鳥害也有很大的幫助，是從事無毒農業者所依賴的好朋友。可使栽種作業變得更輕鬆，請務必善加利用。

種植完成後鋪上塑膠布，如果同時能用拱門棚將整個田畦覆蓋住，在溫度管理上會更容易。此外種子和幼苗的雙葉是鳥類的最愛。辛苦播下的種子及好不容易發出的嫩葉，可能都會被吃的一乾二淨。只有周末才去田裡一趟的情況下，就算要重新播種也太慢了，所以如果要讓蔬菜安全成長，在拱門棚裡培育是最令人安心的方法。

還有，設置拱門棚後，也可以有效防止害蟲在葉片上產卵，作為無毒農業來說，是防治蟲害不可缺少的設施。

拱門棚所用的材料，配合田畦的大小有各種不同的尺寸。通常都以通風性佳的寒冷紗或不織布，配合田畦裡架起的拱型支柱使用。為了提升保溫效果，也可以將數片透明塑膠布的通風口打開後使用。

設置拱門棚的程序

將支柱的一端深深地插入田畦兩旁的地裡，再將支柱彎曲成拱型後，將另一端插入相對面的位置，相同高度的拱型支柱間隔約1m。

將寒冷紗或不織布剪成比田畦大的尺寸，在拱門支柱上展開將田畦整個覆蓋住。刮強風的日子會使作業更加困難，還會引來蚜蟲，要盡量避免。

先將鋪布以固定針固定展開，兩側再以樁釘固定。也可以將鋪布邊緣先以泥土壓住固定，但使用樁釘拆解比較容易，再次固定時也比較不費工夫。

使用固定器將鋪布固定在拱型支柱上，只固定拱型支柱的頂點也可以，但多固定幾處鋪布較不容易移位，固定器也可以用洗衣夾代替。

將鋪布依田畦的方向縱向展開，要確認兩端都完全成密閉狀態。如果鋪布過短的話蟲子會入侵，裁剪時請剪長一點。

多餘的鋪布捲起來，緊緊地打結，或將捲起來的鋪布釘起來固定。也可以事先在田畦的兩端訂上木樁，再將多餘捲起來的兩端固定在木樁上即可。

完成後，從播種到發出本葉為止都可以使用，寒冷紗和不織布都可以透光和雨水，所以高麗菜和大白菜等可以一直在拱門棚內栽培至收成為止。

絕對必要！

①支柱

竹枝或細長耐用的支柱較容易使用，也有拱門棚專用的拱門型支柱。

②寒冷紗

可用於遮光、防風、防蟲等多用途的覆蓋材料，分為白色和黑色，黑色的保溫效果較佳。

③不織布

透光性、透水性、通氣性佳的覆蓋材料，播種後可以有效防鳥。

設立支柱

持續長高的蔬菜
必須使用支柱支撐，才可以順利地成長

小黃瓜或扁豆等藤蔓性蔬菜，以及蕃茄或茄子等高度較高的蔬菜，其莖或枝必須靠支柱撐著才可以向上生長。藤蔓性蔬菜若架設幾根支柱後，再鋪上網子，藤蔓較容易攀沿生長。另外一般沿著地面生長的迷你南瓜，因為屬於小品種也可以利用支柱使其向上生長。不管種哪一個，種植時在植株旁邊架立支柱，可以誘引成長。

基本架設支柱的方法分為直式樹立的直立式和成X型架立的合掌式2種。以這兩種方式為主，衍生出V型或橫架上另外一支支柱補強的H型，要配合蔬菜的性質來決定組合的方式。小黃瓜或蕃茄的支柱長度為180cm，茄子以150cm較為恰當。

蕃茄或茄子、小黃瓜等蔬菜，必須靠支柱撐著才可以生長。在農具販賣中心或園藝中心，都可以輕鬆買到鋼鐵製、竹製等素材。為了不讓強風及果實的重量壓垮，請花點工夫架設穩固。

↓將莖的藤蔓固定在支柱上

種植蕃茄、茄子、小黃瓜等蔬菜時，要在植株旁邊架設支柱，以繩子將莖部綁在支柱上固定，可以避免強風傷害莖部。將繩子打成8字結，若考慮日後植莖會成長變粗的話，只要在植莖旁邊鬆鬆地打結即可。

支柱之間以塑膠繩或麻繩打結固定即可。

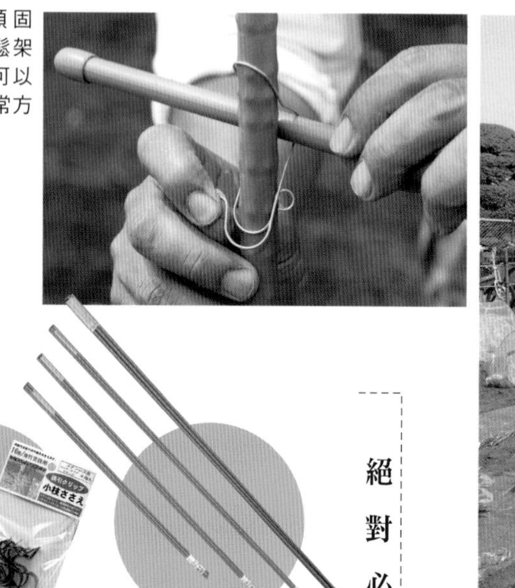

利用掛鉤類固定，可以輕鬆架設支柱，也可以重複利用非常方便。

絕對必要！

掛鉤類

用來固定右側的支柱，引導莖蔓生長。照片左方的是靠彈力支撐支柱的彈簧鉤。

支柱

尤其是果菜類的蔬菜絕對不可缺少，表面突起的款式較容易引誘藤蔓生長，尺寸也很豐富。

↓以支柱橫架或斜架補強

對於會結出大量果實的蕃茄或小黃瓜，只將支柱垂直架設可能強度會不足。若將支柱橫架或斜架就可以充分補足強度。照片裡正在拉小黃瓜用的網子。

適合茄子的支柱➔V字型架設法

有兩支枝的情況下，將兩根支柱架成十字型。枝有3支時，另外加一根支柱架成垂直狀3支即可。

種植的同時就在幼苗旁邊架立支柱，支柱插入地裡約30cm固定，每株各架1支，與地面垂直立起即可。

架立好與幼苗數量相同的支柱後，若想要追加支柱時（照片為3支的情況），可先將2根支柱從幼苗兩側斜斜立起，在幼苗上方處交叉。

支柱交叉的部份以麻繩固定。先以幼苗旁邊的支柱為中心，繩子以8字形固定，要確實固定避免鬆動搖晃。

最後利用與幼苗垂直的支柱固定藤蔓作為引誘，因為蔬菜的生長莖會變粗，因此以8字形鬆鬆地固定即可。

適合蕃茄的支柱➔增加強度

蕃茄1支枝上會結出許多頗具重量的果實，因此必須架設可以承受蕃茄成長後重量的堅固支柱。

和茄子一樣，種植時就必須同時架設支柱，每株旁邊各架1支長度約180cm的支柱。

繼續架上橫支柱，固定成H型，支柱要架成十字型時，請依照下方照片一樣使用專用的掛鉤，可大大地節省時間。

接著斜斜地架立支柱來補強H型的支架，在橫支柱下方位置，將斜支柱和垂直支柱以繩子固定即可。

將數支支柱連結可以增強穩定度，一開始支柱就夠穩固的話，不管是結實纍纍還是刮強風都不用擔心倒塌。

適合小黃瓜的支柱➔使用網子

因為是藤蔓性植物，需要舒展延伸，因此建議使用能夠自在伸展的網子。

在幼苗旁邊各立一支支柱，橫方向再架立一支，前後兩端再架一支斜斜的支柱作為補強。網子先以繩子貫通上下的網目後，固定在支柱上方即可。

將貫穿網子下方的繩子綁在支柱下方固定，網子拉緊以掛鉤固定，再以繩子固定於幼苗旁邊的每一支支柱上。

小黃瓜或扁豆適合用園藝用網子

網子是藤蔓性蔬菜引誘藤蔓時不可缺的項目。選擇適當的場所搭起一面藤蔓網，就像是綠色的窗簾一樣。夏季蔬菜也可以在屋簷拉網子，用來抵擋陽光也非常有效。

實作技巧

使用支柱栽培的③個建議

利用支柱栽培的主要重點是支柱的強度、引誘莖蔓和整理枝芽三點。記住這三點努力種菜吧！

強度 ① 合掌式的組合，就算強風也可以安心！

組合支柱要考慮長大後的果實重量。茄子、蕃茄和小黃瓜等，無法單從幼苗去想像會結出多大的果實，因此支柱必須擁有某種程度的強度。選擇直徑16㎜的支柱，以合掌式組合穩定度較強，也比較讓人安心。

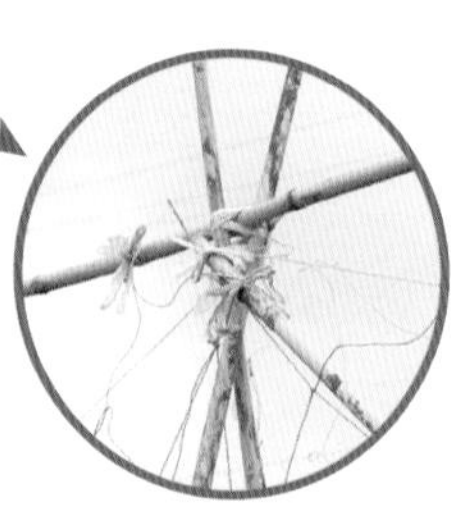

適合小黃瓜和蕃茄的合掌式支柱。X字交叉的地方再橫架一支支柱固定，如此可以承受來自各方的重力。

誘引 ② 配合生長期，以支柱誘引栽培

使用支柱栽培時，為了避免風或果實的重量導致莖蔓折斷，幼苗生長時莖必須以支柱引誘，植株必須依靠支柱才能繼續生長。蕃茄的高度如果與支柱一樣高時，就必須進行摘芯使其停止生長，或橫向再追加支柱來誘引，就有繼續往旁伸展的可能。

以繩子將莖蔓固定在支柱上，如照片所示，繩子以8字形繞過會比較好。像蕃茄等夏天生長旺盛的蔬菜，每次去田裡都必須進行誘引的作業。

除了簡單的誘引之外，市面上有販售可以配合生長期移動位置的便利掛鉤，照片中就是P23所介紹的「描掛鉤」，不鏽鋼材質可以重複使用。

整理 ③ 整理枝芽 避免葉片重疊

植株慢慢長大後，枝芽的整理會成為很重要的工作。如果是蕃茄，就必須不厭其煩地摘除側芽，茄子只留下第1個果實正下方的側芽，其他的側芽全部都要摘除。葉片太密集時也要適當地修剪，通風和日照才會良好。

整理枝芽前的茄子。葉片過於茂盛會導致通風不良，葉片重疊也會造成日照不良的狀態，就此放任不管的話一定會生病，務必特別注意。

茄子只留下第1個果實正下方的側芽，其他的側芽全部都要摘除，重點是摘除側芽時，葉子不要剪掉太多。

Part 3

有機・無毒栽種的ABC

25種 種人氣蔬菜的栽種方法

要種什麼菜，已經決定了嗎？在第3部分要介紹以有機・無毒栽培25種人氣蔬菜的方法。依照食用果實蔬菜、食用根部蔬菜、食用葉子蔬菜的順序整理出來，栽培前務必詳細閱讀。

牢記連作障礙 享受少量多品種的種菜樂趣

避免連作障礙首先要記得「基本循環」

如果想要種出自己喜歡的蔬菜，家庭菜園最能夠讓你享受這種樂趣。但是，當然不是留然去栽種就好，當你決定要在哪裡種？種什麼？之前，先了解什麼是連作障礙吧！

所謂的「連作障礙」是指同一個地方持續栽種相同的蔬菜（或是同科的蔬菜），而造成蔬菜生長狀況不良且容易生病。

為了避免這種現象發生，一定要先記得防止連作障礙的基本循環，也就是將蔬菜分為「根菜類」「葉菜類」「果菜類」3大類輪流種植的思考概念。

請參照左圖。如果前面種植根菜類的話，那麼後面就種葉菜類、前面若種葉菜類，後面則種果菜類、前面種果菜類，後面就種根菜類這樣輪流栽種的方式。

根據根菜→葉菜→果菜→根菜這樣的循環，自然就可以避免基本的連作障礙，這種方法也稱為「輪作」。

避免連作障礙的基本循環

根菜類 → 葉菜類 → 果菜類 → 根菜類

相隔數年後再種相同的蔬菜

其他避免連作障礙的方法中，第2個要記住的重點是：如果打算在同樣的地方栽種同樣的蔬菜，最好中間要間隔數年。與根菜類、葉菜類、果菜類的分類沒有關係，一定要以各種蔬菜本身所需的間隔年數來考量。

請參考右下表整理出的「大致的間隔年數」。豌豆、牛蒡、西瓜等，若要在同一個地方種植，中間必須間隔4〜5年，另外，蕪菁、白蘿蔔、紅蘿蔔、菠菜等只要間隔一年就可以了。而苦瓜、小松菜、茼蒿、地瓜、玉米等蔬菜，沒有連作障礙的問題，即使連作也沒有影響。

需要間隔的理由，舉凡殘存的疾病及害蟲、土壤欠缺養分等都是，但是明確的理由並不清楚。這裡所整理出的間隔年數，終究只是讓大家作為參考。

大致的間隔年數

4〜5年	豌豆、牛蒡、西瓜等
3〜4年	芋頭、蠶豆、辣椒、蕃茄、茄子，青椒等
2年	扁豆、毛豆、高麗菜、小黃瓜、馬鈴薯、韭菜、青蔥、萵苣等
1年	蕪菁、白蘿蔔、紅蘿蔔、菠菜等
可以連作	南瓜*、苦瓜、小松菜、地瓜、茼蒿、玉米等

＊種植南瓜之前，先灑石灰類物質，即可連作。

有好處的組合

前種	→	後種
毛豆	→	菠菜
玉米	→	扁豆
玉米	→	白蘿蔔
茄子	→	高麗菜
茄子	→	青花椰菜
菠菜	→	地瓜
萵苣	→	洋蔥

有壞處的組合

前種	→	後種
毛豆	→	紅蘿蔔
豌豆	→	菠菜
秋葵	→	牛蒡
高麗菜	→	馬鈴薯
馬鈴薯	→	豌豆、薑、蕃茄、茄子、青椒
芹菜	→	地瓜、西瓜、哈蜜瓜
茄子	→	牛蒡
大白菜	→	地瓜、西瓜、哈蜜瓜
菠菜	→	馬鈴薯
萵苣	→	毛豆、西瓜

相鄰產生不良影響的組合

	×	
草莓	×	高麗菜、百里香、薄荷、迷迭香
毛豆	×	青蔥
南瓜	×	西瓜、哈蜜瓜、異品種南瓜
馬鈴薯	×	蕃茄、迷迭香
玉米	×	蕃茄、異品種玉米
木莓	×	馬鈴薯
萵苣	×	青蔥

確認蔬菜之間的相容性訂定計劃

第3個重點是蔬菜之間的相容性。例如種完毛豆後種紅蘿蔔的話，一定長得不好，還有豌豆之後種植菠菜，也是不好。相反的若前面種毛豆，後面種菠菜、前面種玉米，後面種扁豆，卻是相容性非常高的組合。

左邊表列出較具代表性的例子，什麼蔬菜和什麼蔬菜組合會產生不好的影響（或者會產生好的影響）都是根據經驗法則作為導向，大多沒有任何明確的理由，做栽培計畫時，最好仔細確認。

另外，即使不在相同的地方，有些組合也會和旁邊的植物互相產生不好的影響。因此請儘可能避免左表所列的組合。

也就是說建議訂定種植計畫，最好以圖表示。將自己的田地畫成圖，在圖上寫下種植的蔬菜名，什麼蔬菜和什麼蔬菜為鄰，即可一目了然，清楚分明。

這部份介紹了避免連作障礙的三個重點（基本循環、間隔年數、蔬菜間的相容性）。訂定種植計畫時，一定要考慮這三個要素之後，再決定要種植的蔬菜。為了盡情享受少量多品種的種菜樂趣，請仔細考慮要在什麼地方種植什麼蔬菜吧！

茄子×金盞花

蕃茄×金盞花

注意！

花和野菜的組合並不會產生不良影響！

家庭菜園只能種植蔬菜的刻板印象應該要拋棄了。不只是蔬菜，還有香草或花朵等相容性佳的植物。例如：蕃茄和馬鈴薯相鄰會產生不良的影響，但是，如果兩者之間夾種著和蕃茄相容性佳的迷迭香，就可以解決這個困擾了。利用這種方式就可以活用有限的空間了。

共生作物的組合 不易產生病、蟲害

在連作障礙的單元裡（P50），已經介紹主要相容性不佳的組合。但是實際上，也有一起種植反而可以得到更好效果的組合。

這就是所謂的共生作物（或稱共榮作物）的關係。例如：喜歡日照的蕃茄和不喜歡日照的芹菜組合，可以互相幫助使生長良好。植株高度很高的玉米若種在扁豆旁邊，玉米就能發揮遮日的效果，同時扁豆所蓄集的氮成分，當然可以幫助玉米更健康成長。

另外，小黃瓜的幼苗和青蔥類一起種植，可以防範疾病於未然，也具有驅除害蟲的效果。家庭菜園經常利用的金盞花，就是抑制病蟲害效果非常好的共生組合。

如果以無毒方式來種植蔬菜時，強力建議一定要好好利用共生作物的組合。左表列出代表性的組合以及具體的效果，對你的種植計畫一定有很大的幫助。

作物	共生作物	效果
豌豆&扁豆 	●草莓 ●高麗菜 ●小黃瓜 ●馬鈴薯 ●芹菜 ●紅蘿蔔	豆類在成長過程中，氮會變多，容易招致蚜蟲。芹菜的味道可以有效地驅除蚜蟲。和其他蔬菜一起種植可以相互健康成長。
南瓜 	●玉米 ●青蔥	將南瓜和玉米一起種植以美洲印地安人最為有名，他們都知道這兩者可以健康成長。南瓜和蔥一起種，具有預防病蟲害的效果。
高麗菜 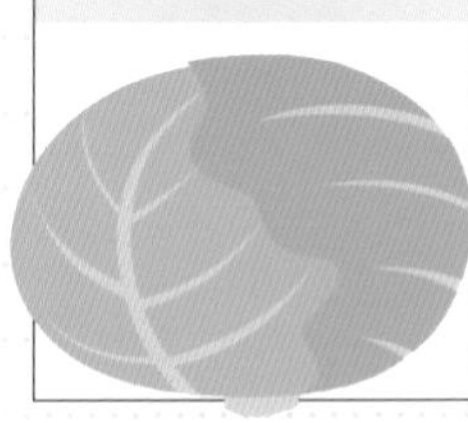	●扁豆 ●豌豆 ●洋蔥	十字花科的高麗菜和豆科的豌豆、扁豆一起種植的話，可以互相健康成長。高麗菜和洋蔥也一樣具有相互協助成長的效果。
小黃瓜 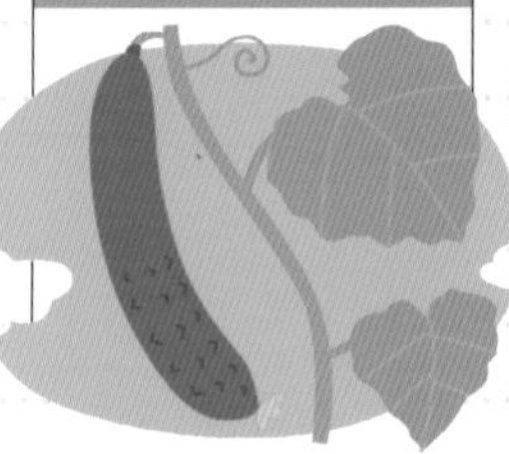	●金盞花 ●蕃茄 ●青蔥	和金盞花一起種植可以有效驅除線蟲。蕃茄高度夠高，可以發揮替小黃瓜擋風的功能。另外也能利用青蔥發揮防止病蟲害的功用。
小黃瓜（爬地型） 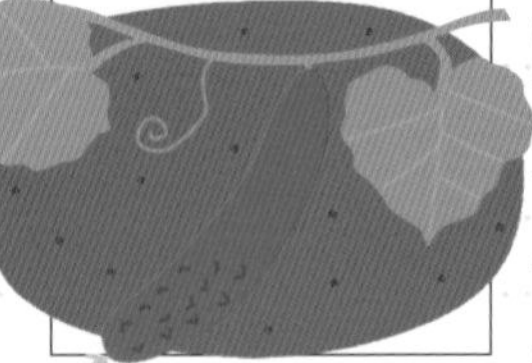	●扁豆 ●毛豆 ●玉米 ●向日葵	玉米和向日葵高度很高，正好為爬地型小黃瓜遮陽。此外，扁豆和毛豆的根，因為深度不同，可以和小黃瓜共存。

茄子的幼苗和青蔥的幼苗一起栽種的話，可以預防茄子發生青枯病。另外可預防病蟲害發生的青蔥，是最具代表性的共生作物。

15種 相容性佳的蔬菜是…

茄子

- 韭菜
- 青蔥
- 豆類
- 金盞花

茄子和豆類一起種植，可以相互協助成長。青蔥根部的微生物據說有預防茄子疾病的作用。金盞花對於驅除線蟲效果良好。

蠶豆

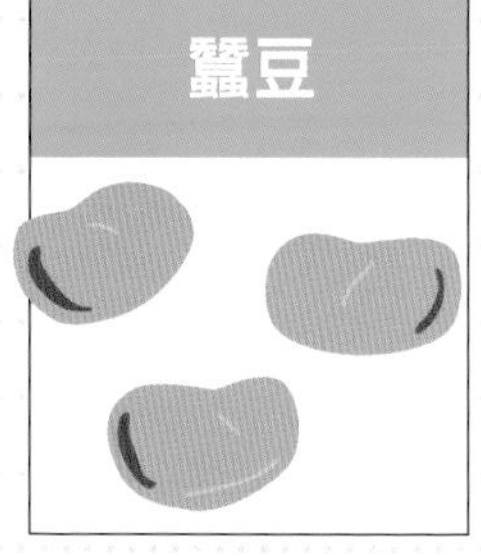

- 玉米
- 菠菜

蠶豆和菠菜一起種植可以相互協助成長。高度高的玉米可以為蠶豆阻擋陽光，而玉米藉著蠶豆固定釋出的氮成分得以茁壯地生長。

韭菜

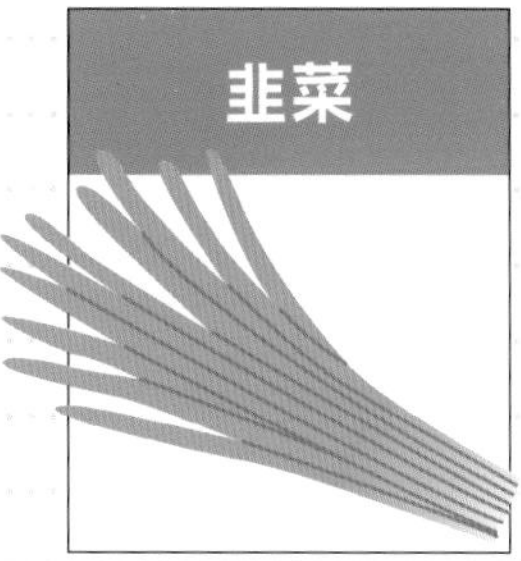

- 馬鈴薯
- 芹菜
- 蕃茄
- 茄子
- 青椒

韭菜和青蔥一樣，根部的微生物可預防疾病，對茄子、馬鈴薯、青椒、芹菜都有效。蕃茄的根部很深，可利用同樣的韭菜根發揮微生物作用。

白蘿蔔

- 扁豆
- 豌豆
- 金盞花
- 萵苣

白蘿蔔和豌豆、扁豆、萵苣一起種植的話，可以相互協助生長。在此建議將金盞花種植在旁邊，可以防止線蟲和蚜蟲。

紅蘿蔔

- 扁豆
- 豌豆
- 洋蔥
- 玉米
- 青蔥

紅蘿蔔和豌豆或扁豆等豆類一起種植時，可以相互協助成長，青蔥或洋蔥也一樣。玉米的高度很高，可以在播種時具有遮陽的效果。

洋蔥

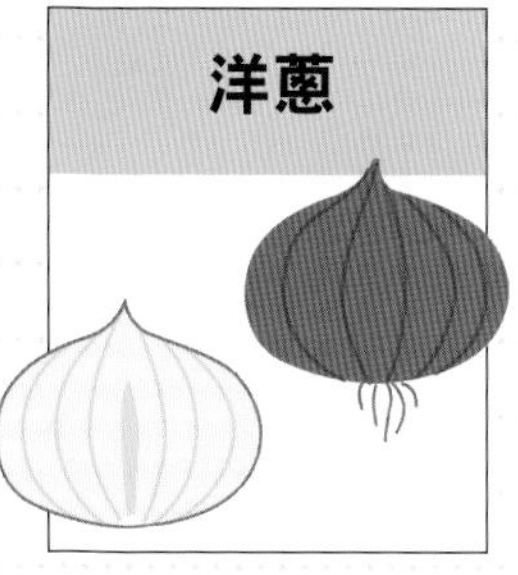

- 高麗菜
- 加茉菜
- 紅蘿蔔

洋蔥和蔥一樣具有預防疾病與蟲害的效果。紅蘿蔔、高麗菜、加茉菜這三種蔬菜如果種在旁邊，相互可以促使成長。

蔥

- 南瓜
- 小黃瓜
- 馬鈴薯
- 蕃茄
- 茄子

如前所述，青蔥是共生的代表性植物。除了白蘿蔔、萵苣、豆類之外，幾乎對所有的蔬菜都具有防疾病、蟲害的效果，同時也能相互協助成長。

玉米

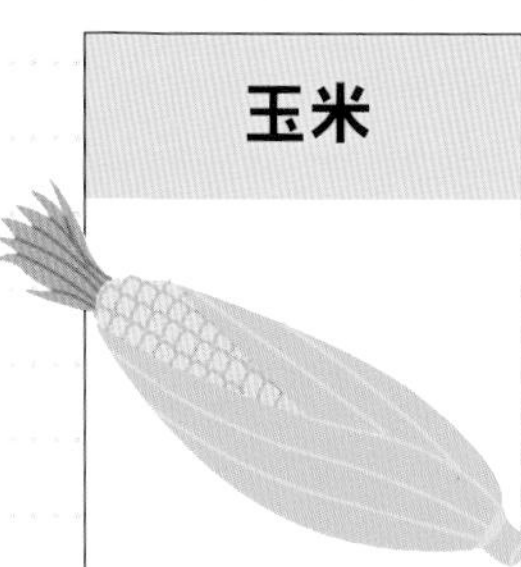

- 扁豆
- 南瓜
- 小黃瓜（爬地型）
- 蠶豆

玉米可以替扁豆、蠶豆、爬地型小黃瓜阻擋陽光。玉米藉由豆類的氮素，也能茁壯生長。如前所述，南瓜和玉米的相容性非常好。

青椒＆辣椒

- 茄子
- 韭菜

青椒和辣椒的味道，可以有效預防蚜蟲。青椒和毛豆的相容性佳，能互相協助成長。相反地韭菜對這兩種蔬菜有預防疾病的功效。

蕃茄

- 草莓
- 高麗菜
- 小黃瓜
- 馬鈴薯
- 芹菜
- 紅蘿蔔

蕃茄成長後高度會變高，具有遮陽的作用，讓不喜歡陽光的紅蘿蔔或芹菜等健康成長。金盞花可以有效驅除蕃茄常發生的線蟲。

食用果實的蔬菜

小黃瓜

葫蘆科

剛採收的滋味格外特別，強力推薦給初學者

清晨發現果實，傍晚就可以採收了

小黃瓜對初學者來說除了非常容易栽培之外，剛採收下來充滿水分的感覺是超市裡的小黃瓜無法比擬的，非常適合家庭菜園種植。

果實的成長非常快速，在最盛產的時期，甚至早晚可以採收2次。過了採收期後，味道會產生明顯的落差，整體收穫量也隨之銳減，最好每天都能到種植的地方去巡視一番。

小黃瓜不喜歡過度的高溫及乾燥，水分充足同時排水良好，才是最理想的狀態。想要種出健康小黃瓜的秘訣就是將其種在高田畦上並頻繁地給足水份，建議種在靠近沙地的土壤，並鋪上黑色塑膠布。因為根很淺，不一定要種植在田裡，如果種植在田裡的話，種植完成後一定要充分踩踏緊實。

根的伸展性差或是肥料不足，果實容易彎曲，但只要種植前給予充分的基肥，幾乎不需要再追肥。確實管理生長初期的狀況吧！

【基本數據】

● 備忘錄

- ●適合不耕起栽培
- ●種植於寬廣的田裡株間距離要大
- ●頻繁地給水
- ●每天都需整理採收

● 收穫量

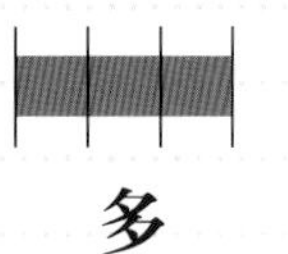

多

● 作業量

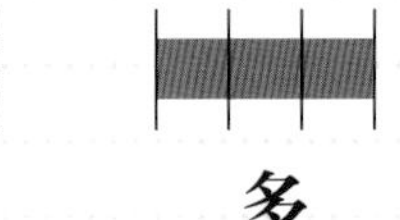
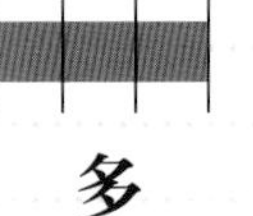

多

● 栽培時間表

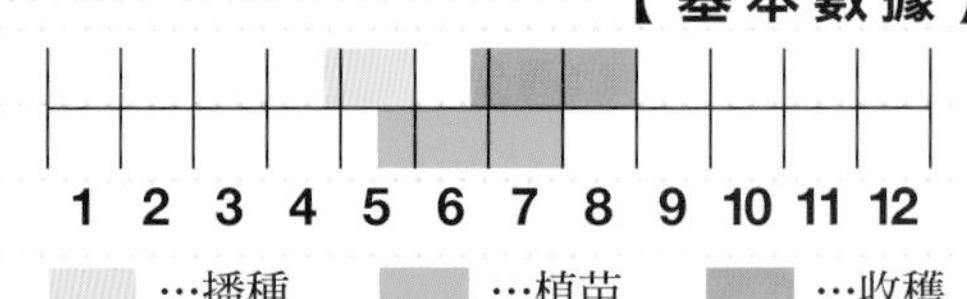

種植順序

播種時
地溫上升的5月初旬～中旬，每處各播下3粒種子。雖然可以使用直播的方式，但使用苗床育苗較容易管理。

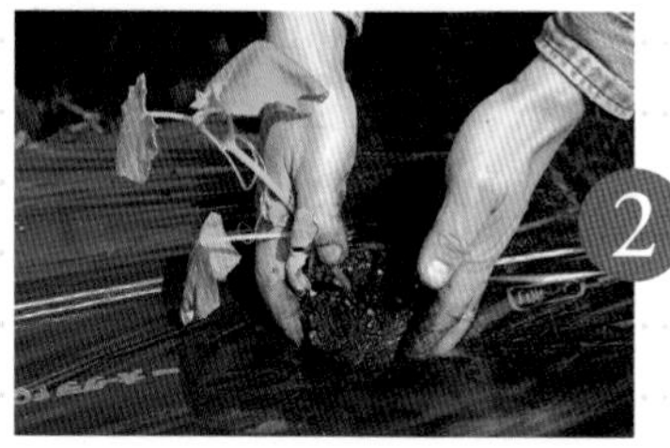

移植幼苗時
輕輕地取出幼苗後種下，避免根部崩解。嫁接苗味道不佳，所以請勿使用嫁接苗。

架立支柱誘引
豎立2m左右的支柱，將莖蔓綁在支柱上使其不會倒塌。如果是種植2列，最好用合掌式組合支柱。

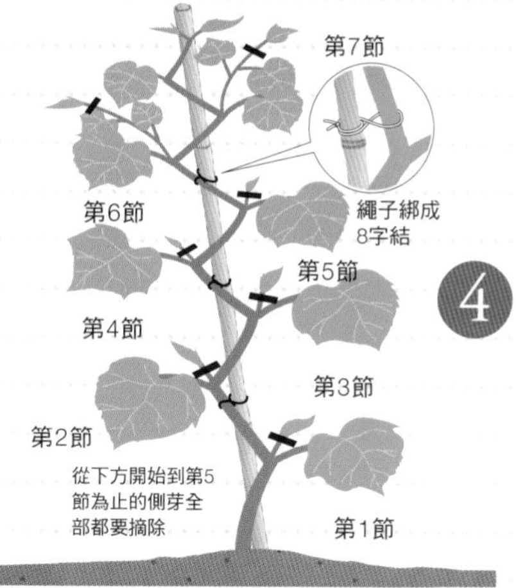

引誘延伸的藤蔓 摘除側芽
當藤蔓開始延伸生長時，就必須立起數支支柱拉開園藝用的護網，以8字結固定誘引藤蔓。藤蔓部分綁鬆，而支柱部分則要打結綁緊，側芽從下方開始到第5節為止，全部都要摘除。

如果雌花開了…
不管是雄花或雌花，長到1m左右時都必須全部摘除，植株才會長的更好。藤蔓過度延伸就必須進行摘芯。

趁果實變大前採收
雌花開始枯萎時，大概就可以準備採收了，過遲採收會造成果實巨大化，不但影響植株的生長，之後所結的果實也會產生不良影響。

整地準備

需要較大的田畦 施放較多的基肥

將堆肥和有機石灰混入。為了根部的健康，採取不耕起栽培也可以。田畦的面積要寬，為了讓排水良好，必須種植於高田畦。將米糠或雞糞深埋入田畦中央作為基肥，因為基本上不進行追肥，所以基肥必須充足。田畦整個覆蓋黑色塑膠布，種植2列，架立合掌式支柱，條間距離約為60cm，株間寬約80～100cm即可不影響結實。

市民農園1區塊的平均空間使用範例

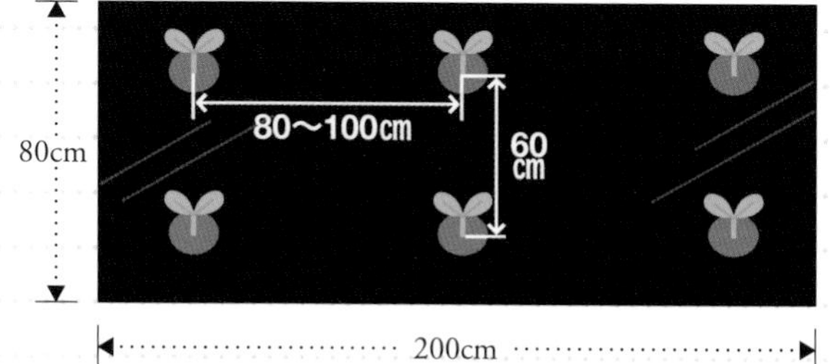

1.6㎡（上述的空間）大約所需的肥料

熟成堆肥	5~8kg
有機石灰	200g
米糠或雞糞	500g

種植計畫

玉米是好朋友 紅蘿蔔相容性不佳

不可連作，要在同一場所種植必須間隔2年以上。後面如果種植紅蘿蔔，無法健康生長，要特別注意。可作為共生作物、相容性高的蔬菜是玉米，隔鄰種植的話，因為玉米高度夠高，可以發揮擋風的效果。此外在根部處種植鴨兒芹或荷蘭芹，小黃瓜可以作為遮陽用，使其順利生長。

迷你蕃茄

茄科

盡情採收甜美且充滿水分的果實吧！

不需花費太多工夫就可以健康成長的蔬菜

蕃茄根的韌性非常強，是屬於容易栽培的蔬菜。但要使大蕃茄熟成並不容易，所以初學者，選擇迷你蕃茄的幼苗進行種植會比較適當！請選擇莖的長度約20㎝，花已經開1～2朵的幼苗較為理想。若認真栽種可以讓你一整個夏天都品嘗成熟蕃茄特有的甘甜濃郁美味。

蕃茄原產於乾燥而高冷的安地斯山脈，性喜排水良好的土壤。若種植於高田畦上，可有效控制排水。因為根的吸肥力特別強，抓地力也很好，只要基肥充足，不需要進行追肥。也是適合不耕起栽種的蔬菜。肥料過多反會造成只長葉子卻不結果實的狀況。

隨著植株的成長，也會陸陸續續地發出側芽，如過放任不管，就會不斷長出茂密的葉子而無果實可採收，所以要將所有側芽摘除，只留下主莖繼續延伸成長。非常不適合連作，在栽培茄科的土地至少要間隔3～4年，才能順利生長。

【基本數據】

備忘錄

- 適合不耕起栽培
- 幼苗栽培失敗率較低
- 需要排水良好的高田畦
- 幾乎不需給水
- 側芽必須進行摘除

收穫量

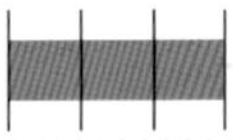

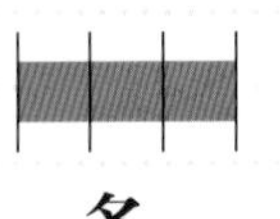

多

作業量

多

栽培時間表

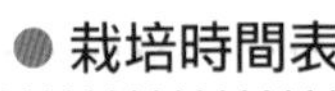

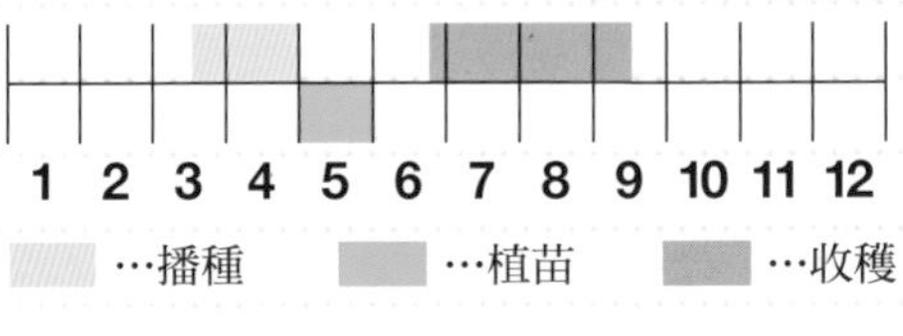

1

清洗幼苗

為了避免疾病，種植前要先將沾附在根上的土壤洗乾淨，因為活力強，即使用水洗淨，根還是可以非常紮實。

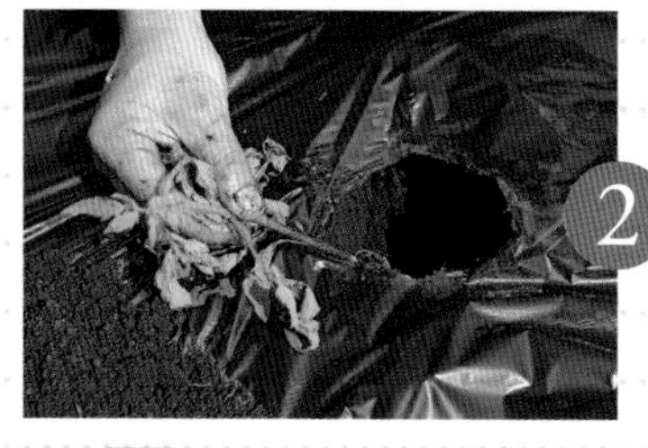

2

橫向種植

種植時將幼苗橫倒下，約三分之一左右埋入土裡，可以抑制地上部份的生長，根也可以充分延伸。

即使莖很粗也不要綁死，以8字形鬆綁誘引。

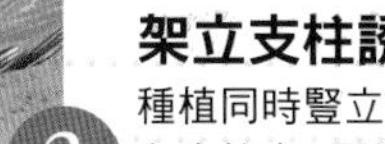

3

架立支柱誘引

種植同時豎立支柱，將莖綁在支柱上，因為莖會慢慢變粗，所以藤蔓要鬆綁而支柱部分則要打結綁緊。

4

發出的側芽必須整理摘除

主莖和枝之間發出的側芽必須全部摘除，如果放任不管，就會不斷往上橫長出茂密的葉子而造成結實狀況不佳。

5

黃色花開了…

開黃花的枝約有10～15段，為了避免手搆不到，主莖的前端要進行摘芯阻止往上生長。

6

果實變紅即可採收

果實產生裂痕，有可能是因為下雨或酷暑所引起，並不是生病，果實轉紅成熟後，以手輕輕地採收即可。

種植順序

整地準備

堆肥充足 不需施放太多肥料

將堆肥和有機石灰混入。不耕起栽種可以讓植株根部伸展的更好。田畦的面積要寬，為了讓排水良好，必須種植於高田畦。將米糠或雞糞深埋入田畦中央作為基肥，之後不需要施放太多肥料。田畦整個覆蓋黑色塑膠布，種植2列，架立合掌式支柱即使強風也可以放心，株間儘可能寬些，最好約80～100cm。

市民農園1區塊的平均空間使用範例

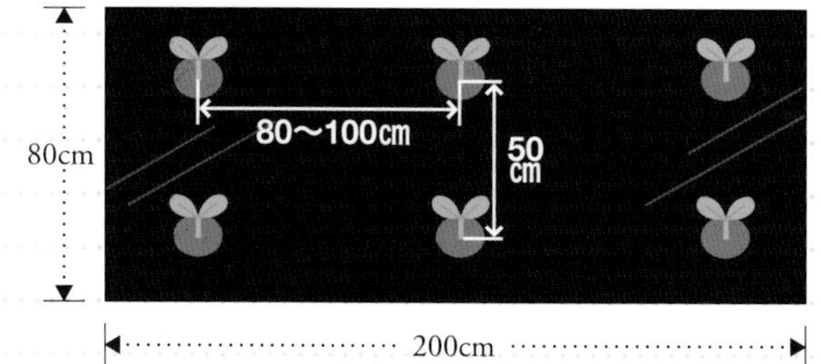

1.6㎡（上述的空間）大約所需的肥料

肥料	用量
熟成堆肥	5~8kg
有機石灰	200g
米糠或雞糞	500g

種植計畫

和茄科蔬菜會產生連作障礙也不可混植

蕃茄是茄科蔬菜中最容易產生連作障礙的蔬菜，若要在同一地方種植，需間隔5年以上。茄子或馬鈴薯等同樣茄科的蔬菜，也要間隔3～4年。和紅蘿蔔、荷蘭芹、高麗菜等喜好半日照的蔬菜共生的話，相容性非常高，此外，不可與茄科的蔬菜混植。

食用果實的蔬菜

茄子

栽培輕鬆、夏季蔬菜的代表

茄科

可以從6月採收到10月！

茄子在日本歷史悠久，據說1000年之前就有人栽種了。滋味美妙濃郁的果實，可烤、可煮、可油炸，有各種不同的料理方法，是夏天餐桌上不可欠缺的食材。

茄子是屬於耐暑熱、耐濕氣的蔬菜，只要基本上踏實地培育，即使是初學者也能種出結滿光滑果實的茄子。

栽培的重點為「陽光、水分、肥料」3者，性喜好日照及高溫，可以種植在日照充足的地方，但水分一定要足夠，水分不足會造成外皮乾硬、口感不佳。田畦上覆蓋黑色塑膠布或乾稻桿，可以提高保水性。另外如果肥料不足，中途也會因為虛弱而失去元氣，因此除了基肥足夠之外，生長過程中也要頻繁追肥。不必太過拘泥於植株的栽培，為了讓植株整齊清爽，請將側芽摘除吧！7月中旬到下旬，雖然尚未結果，但請混入少許追肥，當元氣恢復後，到10月為止都可以盡情享受採收秋茄的樂趣。

【基本數據】

● 備忘錄

●種植於日照充足的場所
●頻繁給水補足水分
●可少量施放追肥
●側芽儘早以手摘除
●盛夏要修剪枝枒

● 收穫量

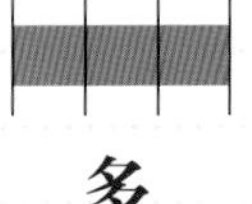

多

● 作業量

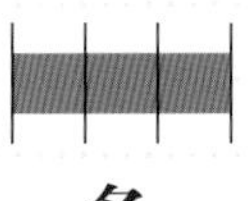

多

● 栽培時間表

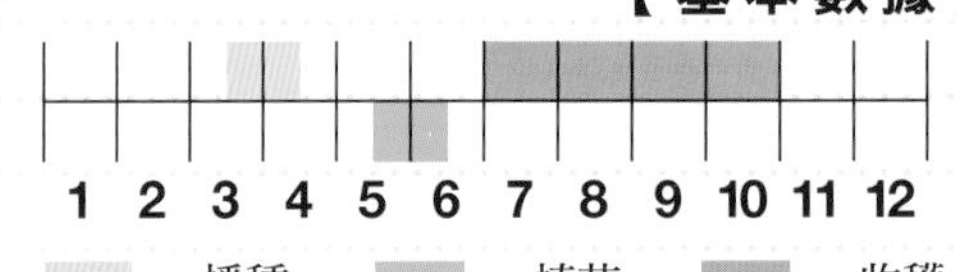

確實堆肥、施放肥料 必須覆蓋塑膠布

將堆肥和有機石灰混入。將米糠或雞糞於種植前兩週深深埋在田畦兩側作為基肥。基肥要充足，另外成長過程中每隔半個月也需施放少量追肥。對乾燥特別沒有抵抗力，所以田畦必須覆蓋黑色塑膠布以提高保水性，大量堆肥可以發揮理想的效果。種植2列，株間必須寬廣，至少約80～100cm。種植的同時架立支柱。

市民農園1區塊的平均空間使用範例

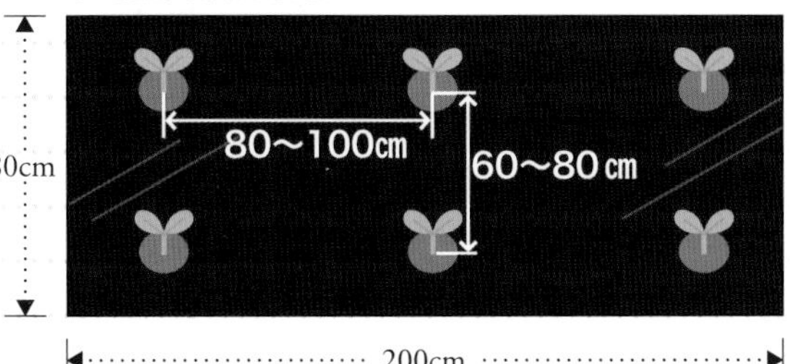

1.6㎡（上述的空間）大約所需的肥料

熟成堆肥	5~8kg
有機石灰	200g
米糠或雞糞	750g

種植計畫

和青蔥一起種植吧！要特別注意茄科蔬菜

很容易產生連作障礙的蔬菜，若要再同一地方種植，則必須間隔4～5年。蕃茄或青椒等同樣是茄科蔬菜，也是如此。後面種植洋蔥、高麗菜、青花椰菜等蔬菜，可以生長的特別好。相反的，牛蒡則無法生長的好，所以要盡量避免。相容性非常高的蔬菜是青蔥或韭菜。

種植順序

1 幼苗充分浸水

種植前連同培養盆一起浸泡於水裡，充份吸收水分。根部損傷就無法順利生長，要特別小心。

2 種植時也立支柱

事後再立支柱容易傷及根部，因此種植時隨同豎立支柱。豎立2～3根支柱，在幼苗上方處交叉固定。

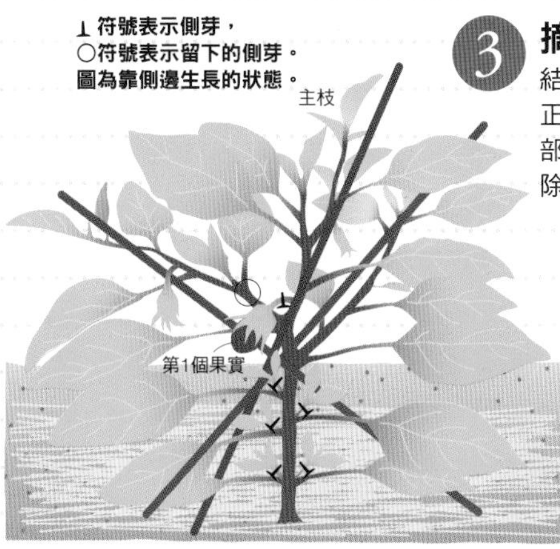

3 摘除側芽

結出第一個果實後，只留下正下方的側芽，其他側芽全部摘除，葉子留下不要摘除。

4 適當修剪葉子，使日照及通風良好

葉子過於茂盛時要將變黃或虛弱的葉子摘除，花開過多時也最好摘除。

5 趁嫩時採收果實…

6月中旬就可以開始採收鮮嫩果實，7月底再次追肥後，就可以繼續採收秋茄。

重點建議

塑膠布上鋪乾稻桿

根部會充分延伸，這對於保持土壤水分等有很大的幫助，因此栽培茄子基本上會鋪塑膠布。但是盛夏溫度上升，最好在塑膠布上鋪乾稻桿以調節溫度。

食用果實的蔬菜

青椒

茄科

不花工夫就能享受長期的採收之樂

盛夏陽光孕育出的熱帶蔬菜

青椒是辣椒的一種，介於獅子辣椒和紅辣椒之間。剛開始是青色的果實，熟成後會轉成紅色或黃色，因為屬於同種類的蔬菜，種植的方法基本上大致相同。如果能夠種出青椒，就能夠運用於栽培辣椒或獅子辣椒。因為是原產於南美洲熱帶地區的蔬菜，比起同樣是茄科的蕃茄和茄子，更適合高溫乾燥。若種植在日照充足、乾燥的地方，就能生長良好。此外因不太需要給水，故遠離其他蔬菜栽培是重點。

只要擁有一定程度以上的溫度就容易發芽，因此可以從播種開始栽培，直接播種在田裡也可以，但是在此還是建議先在培養盆裡培育幼苗。除了溫度管理容易之外，還可以防止蚜蟲侵害。幼苗在第一朵花開前3～4日種植最為理想，所以最好選擇帶有花苞的幼苗，田畦應該事先鋪上黑色塑膠布以提高地溫。

【基本數據】

● 備忘錄

- 選擇日照充足、乾燥的場所栽種
- 排水良好的高田畦地
- 幾乎不需要給水
- 適合以育苗盆育苗

● 收穫量

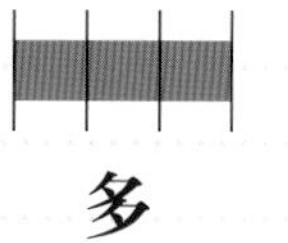

多

● 作業量

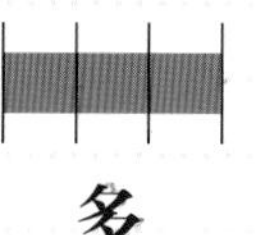

多

● 栽培時間表

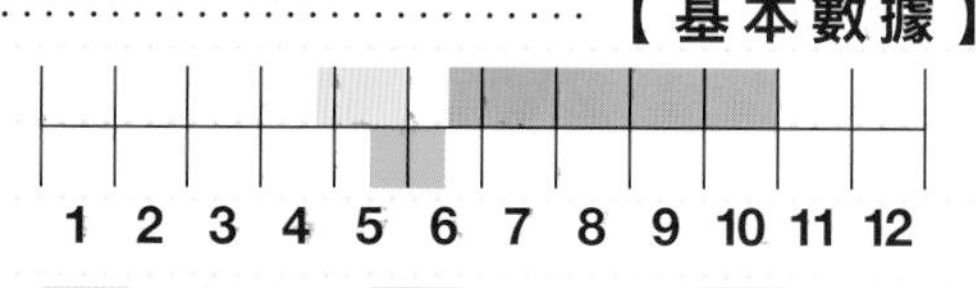

整地準備

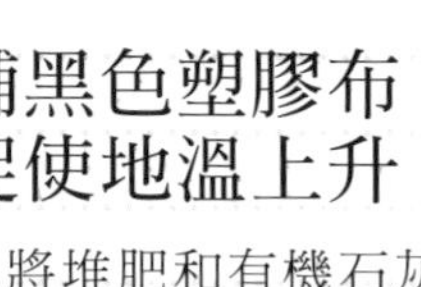

鋪黑色塑膠布 促使地溫上升

將堆肥和有機石灰混入。田畦的面積要寬，為了讓排水良好，必須種植於高田畦。將米糠或雞糞深埋入田畦兩側作為基肥。圖為種植1列的情況，也可以種植2列，種植2列時，基肥必須埋於田畦中央。因為果實不會太大，所以肥料少一點也可以。田畦整個覆蓋黑色塑膠布，促使地溫上升。如果是直接播種，在生長初期必須覆蓋寒冷紗保溫。

市民農園1區塊的平均空間使用範例

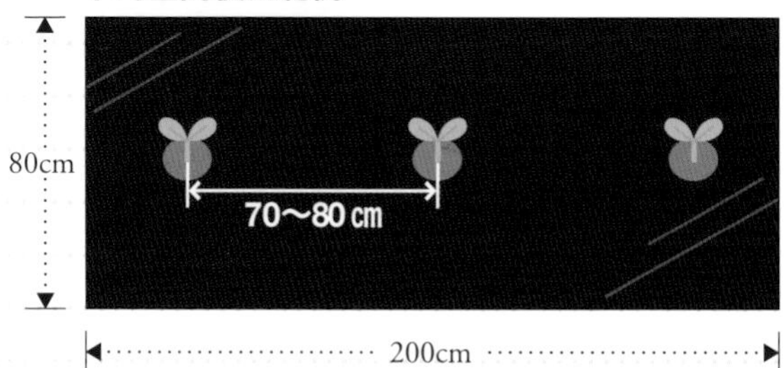

1.6㎡（上述的空間）大約所需的肥料

肥料	用量
熟成堆肥	5~8kg
有機石灰	200g
米糠或雞糞	500g

種植計畫

與青蔥和韭菜混植，可以預防病害

和茄科之外的蔬菜一樣不可連作。要在同一場所種植必須間隔3～4年。後面如果種植同樣是茄科蔬菜的蕃茄或茄子，是非常不好的組合。毛豆若作為共生作物，兩者之間都可以互相影響，順利生長。此外和青蔥或韭菜一起混植，可以有效預防青枯病。

種植順序

1 **播種時**

每1處各播下3～4粒種子。發芽溫度為25～30度的高溫，所以使用直播方式時，要事先鋪上塑膠布促使地溫上升。

2 **用心保溫**

幼苗以塑膠袋包覆後放置於日照充足的地方。直播的話田畦必須覆蓋寒冷紗使地溫上升，促使發芽。

3 **移植幼苗時**

當本葉發出2片時，即可移植到直徑15cm的花盆裡。這階段雖然也可以種植於田裡，但以花盆育苗管理比較輕鬆。

4 **種植進田裡**

種植前必須先鋪塑膠布使地溫上升，株間要寬廣，輕輕地種下避免根部損傷。

繩子綁成8字結

摘除側芽

5 **架立支柱誘引 也不要忘了摘除側芽**

種植2～3週後，要將陸續發出的側芽摘除。因為植株會長大，所以用寬鬆的8字結將莖綁在支柱上。摘下的葉片可以炒或煮之後食用。

6 **小花開始開花了…**

雌花伸展的長度比雄花長時，表示生長順利，如果雌花開在莖附近且葉片很小的情況下，表示植株虛弱，應該進行追肥。

7 **享受長期收穫的樂趣**

過於茂密的葉片容易阻擋陽光，因此要修剪枝枒。趁果實仍青色時及早採收，可以持續採收到10月。

食用果實的蔬菜

迷你南瓜

葫蘆科

只要有寬廣的空間
就可以茁壯地成長

即使不去理會，也會結出好吃的果實

鬆軟的口感和甘甜的美味是南瓜的魅力，性喜乾燥的荒地，對乾旱抵抗力非常強，越乾燥越美味，不需太花費工夫也可以栽種的蔬菜，即使只有周末才可以到田裡的人也可以放心栽種。不會產生連作障礙，就算每年都在同一個地方栽種，也可以長得很好，讓人非常喜愛。

如同蕃茄和西瓜一樣，雖然並不是越大的品種就越難栽種，但總是會在地面上漸漸蔓生，因此需要相當的空間，著實令人困擾。關於這一點只要栽種迷你南瓜或拉網子誘引，即使是小家庭菜園也可以栽種。根的生長力非常強，適合不耕起栽培。吸肥力也很強，如果肥料施放過多，會造成藤蔓茂盛蔓延，果實的狀態卻不理想的情形，要特別注意。

可以以直播方式從種子開始栽培，但是要注意發芽溫度必須高達25～30度，播種之前要先鋪黑色塑膠布使地溫上升。此外一直到5月初為止都必須以暖罩或拱門棚保溫。

【基本數據】

● 備忘錄

- ●對乾旱抵抗力非常強
- ●可以直接播種於田裡
- ●適合不耕起栽培
- ●生長初期需要保溫
- ●不會引起連作障礙

● 收穫量

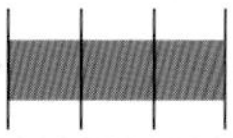

多

● 作業量

少

● 栽培時間表

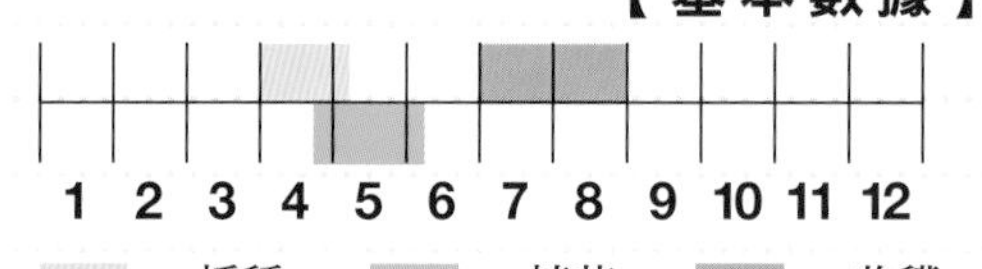

施肥必須採取遠離植株的部份施肥

將堆肥和有機石灰混入。田畦的寬度或株間距離，必須隨子藤數量改變，若任其蔓生會降低每株的收穫量，子藤的減少或增加，並不會改變整體的收穫量。將米糠或雞糞距離植株30～50㎝處埋入田畦兩側作為基肥。田畦整個覆蓋黑色塑膠布，種植1列。不耕起栽種的話，堆肥、肥料需求略多，只要灑在周圍即可。

市民農園1區塊的平均空間使用範例

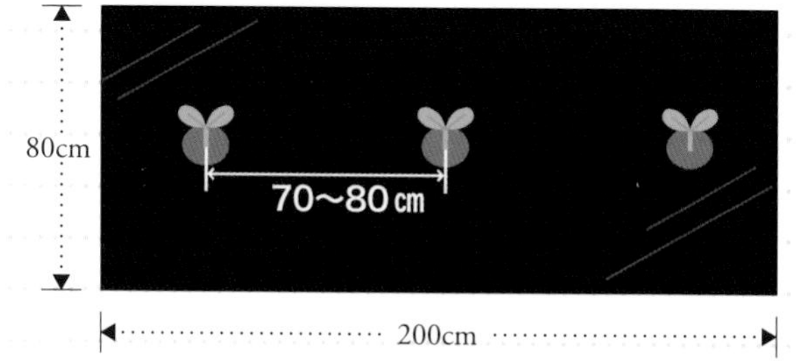

1.6㎡（上述的空間）大約所需的肥料

熟成堆肥	5~8kg
有機石灰	200g
米糠或雞糞	500g

種植計畫

種類不同的南瓜不可一起種植

可以連作。只要在種植前撒入石灰以中和土壤的酸鹼度，就可以每年都在同一場所種植。玉米可作為共生作物，屬於相容性高的蔬菜，還有和青蔥一起混種可以預防病蟲害。相反的不適合隔鄰栽種的是西瓜、哈蜜瓜、馬鈴薯。品種不同的南瓜相容性亦不佳。

種植順序

1 播種時

4月中必須完成播種，因為發芽溫度高，需要以暖罩或拱門棚進行溫度管理。

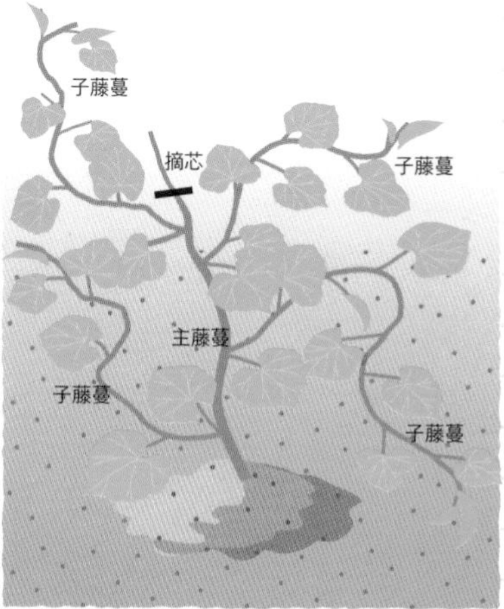

2 幼苗栽培時

事先必須鋪黑色塑膠布使地溫上升。當幼苗本葉發出3～5片時，在避免傷及根部的情況下連土缽一起種植。

3 主藤蔓摘芯

藤蔓尚未延伸時，如果夜晚太冷，最好是覆蓋暖罩或拱門棚較為安心。也可以放任藤蔓延伸生長，但很快就蔓延開來。如果場所不寬的話，主莖要進行摘芯，蔓生的子藤減少3～4支管理上會較方便。

4 如同沿著地面讓藤蔓攀爬

放任其生長，就像沿著地面蔓延一樣。如右頁照片一樣，也可以誘引至棚架或網子上攀爬。

5 體型大的雌花開了…

體型較大的是雌花，基本上任由昆蟲授粉，但如果無法受粉的話，可將雄花摘下將花粉沾黏在雌蕊上。

6 趁早採收

初期的果實趁早採收，植株較不容易衰弱，收穫量也會增加。以棚架或網子誘引較容易找到果實。

食用果實的蔬菜

草莓

薔薇科

雖然很費工夫，但一定要挑戰看看喔！

花費工夫栽培出可愛的田間寶石

近年來以室內栽培為主流的草莓，若以露天栽培的話，維他命C等營養價值出奇的高，特別能夠享受季節性美味的樂趣。秋天種下幼苗，經過冬天的嚴寒可以茁壯地生長。買來自己喜歡的品種幼苗後，於10月下旬～11月上旬種下，冬季期間不需要以塑膠布保溫，根部可以強力延伸。2月底左右，寒冷漸退發出新葉後，可鋪上黑色塑膠布防止乾燥或雜草。果實轉紅之後會受鳥類侵食，所以要以網子或塑膠布保護。

草莓是需要充足水分的作物，為了蓄積水分需做成中央凹陷的雙山狀田畦。特別是發出新葉到結出果實這段期間，水分補充不可缺乏，塑膠布中央開個孔給水較為方便。

收穫期結束之後，稱為匍匐莖的莖部會陸續發出新植株，將其剪下栽培，翌年就無須購買幼苗了。

【基本數據】

● 備忘錄

●花費時間、略有難度
●第一年購買幼苗培育
●冬季期間不需鋪塑膠布
●新葉發出時鋪塑膠布，進行密集給水

● 收穫量

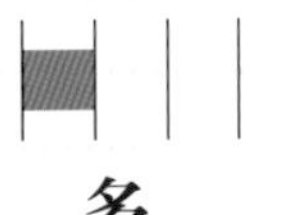

多

● 作業量

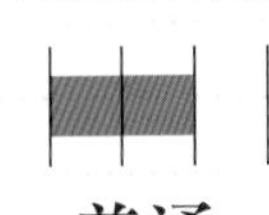

普通

● 栽培時間表

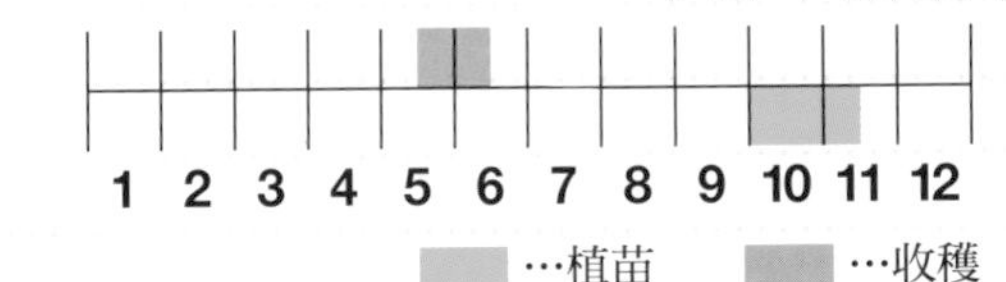

整地準備

田畦中央凹陷，水分補給較順暢

將堆肥和有機石灰混入。田畦的面積要寬，為了讓排水良好，必須種植於高田畦。田畦必須作成兩端為魚板狀而中央凹陷的形狀，以提高保水性。在足夠的米糠或雞糞裡加上骨粉作為基肥深深地埋入田畦中央。田畦整個覆蓋黑色塑膠布，種植時撤下。株間距離約30cm，2列種植。當新葉開始發出時可施放少量追肥。

市民農園1區塊的平均空間使用範例

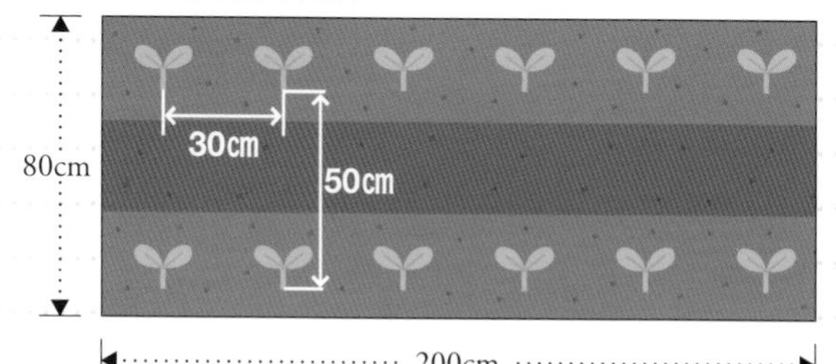

1.6㎡（上述的空間）大約所需的肥料

肥料	用量
熟成堆肥	5~8kg
有機石灰	200g
米糠或雞糞	1000g

種植計畫

避免與香草類混植

不可連作，要在同一場所種植必須間隔2年以上。最適合作為共生作物、相容性高的蔬菜是青蔥，種在旁邊可以有效預防蟲害。和高麗菜、迷迭香、百里香、薄荷等相容性差，不管哪一種都無法順利生長，但和香草中的琉璃苣相容性佳。

種植順序

1 購買幼苗

選購看起來枝葉自由伸展的健康幼苗，種植前連同育苗盆一起放進水桶裡浸泡片刻。

2 連同土缽一起種植

連同土壤一起移植，將育苗盆倒反過來，手指間夾住莖的部份，以整個手掌接住幼苗，輕輕地取出。

3 植苗方法

可種植2列，不要種過深，葉柄不要埋進土裡，約露出地面的程度即可。

4 冬天不需鋪塑膠布

為了讓根紮的更深，種植時不要鋪塑膠布，冬季期間葉片幾乎不會成長，工作僅是將枯葉摘除就OK了。

5 追肥和鋪塑膠布

新葉開始蔓生成長時，就必須在田畦中央做出直溝進行少量追肥，為了避免乾燥必須鋪黑色塑膠布，鋪布中央必須挖出孔穴讓水進入。

6 開花了

根部的小花結出的果實較小，細長延伸的花會結出大的果實，剪除延長的地莖，褐色葉子也一併去除。

7 果實轉紅後就可以採收

果實開始變色後，要拉網避免鳥類侵食。雖說要依據氣候條件決定，不過大致採收時期為5月初旬～中旬，約2週的時間。

食用果實的蔬菜

西瓜

夏天消暑的甜蜜滋味

葫蘆科

夏天風物詩，不夠熱就會不夠甜

西瓜是依據天候而決定滋味的果菜，想要種出水份多又甜的果實，猛暑是絕對必要的條件，冷夏絕對無法種出好吃的西瓜。挑戰看看容易栽種的小玉西瓜吧！

西瓜原產地為非洲的沙漠地帶，性喜排水良好乾燥的土壤，相對的對於溼氣抵抗力弱，適合種植於通風良好的高田畦。此外因西瓜喜歡高溫，最好鋪黑色塑膠布保持溫度。尤其是藤蔓延伸之前特別脆弱，有必要以暖罩加塑膠棚雙重保溫。

像南瓜一樣，藤蔓漸漸延展需要寬廣的空間，不耕田地就可以抑制藤蔓延伸，較容易栽培，所以建議不耕起栽培。

放任藤蔓延伸生長雖然也會結出果實，但如果想要種出味道和外型更優良的果實，就必須將多餘的藤蔓或雌花摘除。小玉西瓜授粉後大約25天左右就可以採收，以人工授粉並將授粉日紀錄下來較為方便計算採收期。

【基本數據】

備忘錄

- 猛暑是絕對必要，冷夏絕對無法種出好吃西瓜
- 適合不耕起栽培
- 適合排水良好的高田畦
- 收穫日判斷較難

收穫量

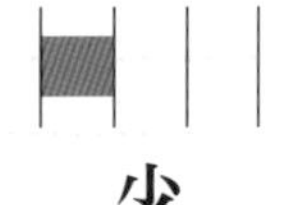

少

作業量

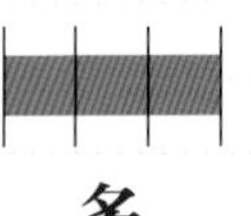

多

栽培時間表

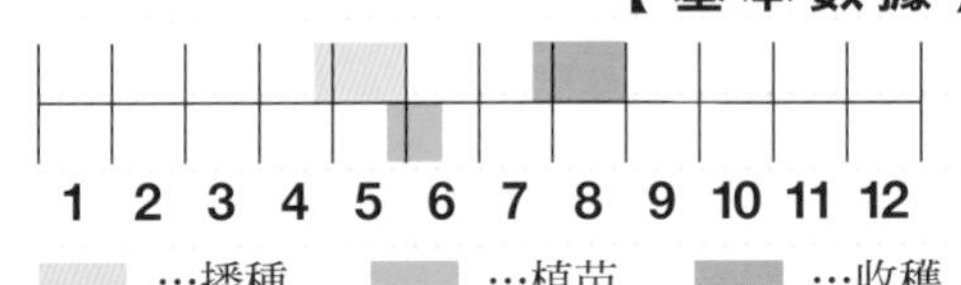

整地準備

充足的基肥分成數處施放

將堆肥和有機石灰混入。採取不耕起栽培只需做出植穴即可。田畦寬度要廣，適合通風及排水良好的高田畦。將米糠或雞糞深埋入田畦中央作為基肥。距離植株約50cm處分成數處加入。田畦整個覆蓋黑色塑膠布，種植1列。因為藤蔓會延伸至4～5m，儘可能確保足夠的空間。株間距離至少必須80cm。

市民農園1區塊的平均空間使用範例

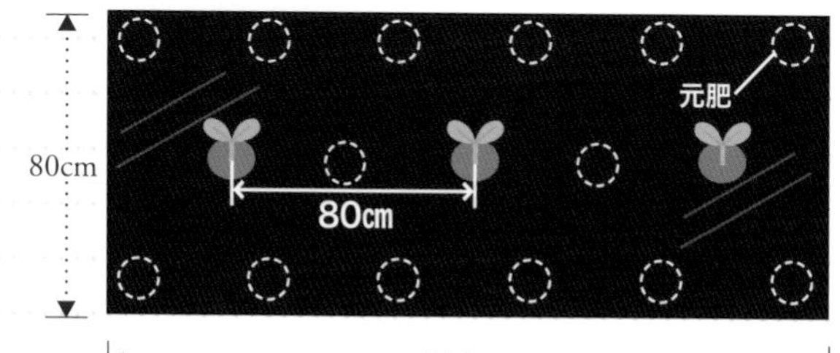

1.6㎡（上述的空間）大約所需的肥料

熟成堆肥	5~8kg
有機石灰	200g
米糠或雞糞	1000g

種植計畫

種植時要考慮和前作的相容性喔！

和茄子及蕃茄等容易產生連作障礙的蔬菜一樣，在同一個地方種植需要間隔4～5年。另外，前面種了芹菜、大白菜、茼苣等蔬菜的土地也無法順利生長。青蔥可作為共生作物，屬於相容性高的蔬菜，和南瓜、哈蜜瓜相容性不佳，不適合隔鄰栽種，請特別注意。

種植順序

1 **播種時**

如果有保溫對策，就可以直接播種在田裡。發芽溫度約需25～30度的高溫，因此進入5月之後再播種較為安心，一處約播2～3粒種子。

2 **覆蓋暖帳**

藤蔓延伸之前特別脆弱，有必要以暖罩加拱門棚雙重保溫，但是氣溫高的日子必須拿掉暖罩以便於換氣，否則可能會乾枯。

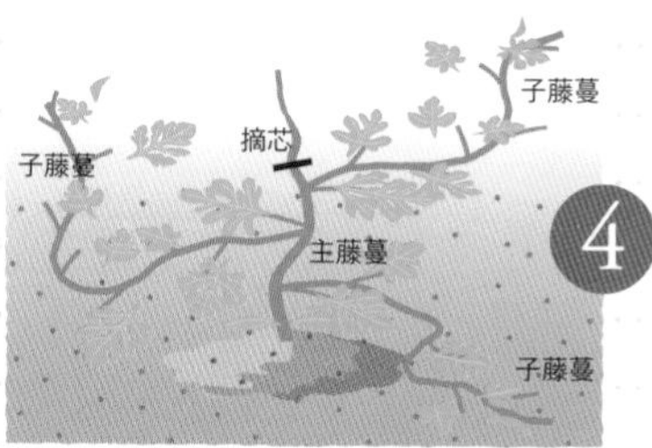

3 **移植幼苗時**

事先先鋪黑色塑膠布，並覆蓋塑膠拱門棚以提升地溫後再進行種植，藤蔓延伸之前必須以暖罩等進行保溫。

4 **子藤蔓延伸生長**

主藤蔓生長約30cm時就必須進行摘芯使其停止蔓生，讓子藤蔓平均蔓生。在雌花開出以前，子藤蔓約留下3～4枝，其餘的莖蔓摘除。

5 **雌花結成了果實**

結果實之後，若將藤蔓或葉子摘除，整株植株可能會呈現枯萎的現象，因此開始結果後就順其自然。以人工授粉的方式必較容易判斷收穫的日期。

6 **1根藤蔓可採收2～3個果實**

結實纍纍的情況下，若想要果實碩大，就必須進行摘果。小玉西瓜授粉後約25日，像蛋一樣大時就可以採收。拉起防鳥網較為安心。

（重點建議）

要如何栽種大西瓜？

大西瓜和放任也會結果的小玉西瓜不一樣，大西瓜1株要縮減至1～2個果實來管理。還有收穫日會依授粉後的天氣或氣溫有所改變，因此每天的觀察工作很重要。

食用果實的蔬菜

禾本科

玉米

種起來輕鬆，吃起來可口

直播後放任也OK！對土壤改良也很有效果

玉米只要播種發芽之後，即使不花工夫也會迅速成長。強而有力的根抓力，和鬆土具有樣的效果，對田地的土壤改良有很大的幫助。同時採收後的莖和葉，最適合作為堆肥的材料。因為可以連作，屬於每年都會想種的蔬菜。

性喜高溫，4月播種之後必須以黑色塑膠布保溫。也可以用育苗的方式，但如果嫌移植麻煩的話直接播種也可以。為了便於授粉，一定要種植2列。若不同品種一起栽種，會因為雜交現象而結出品質低劣的果實，所以請一次選擇單一品種種植。

當高度長到50㎝後就將黑色塑膠布撤除進行培土，靠近根部處長出的側芽不摘除也可以，只要將側芽上的雌花摘除即可。

玉米是鳥類最喜歡的食物，才剛成熟的果實常常在不知不覺中就被鳥兒吃光了，所以當果實正要長大時，一定要掛上防鳥網作為防護。

【基本數據】

備忘錄

●不需費工就可輕鬆栽培
●一定要種植2列
●不可和異品種混植
●必須掛上防鳥網防護
●不會引起連作障礙

收穫量

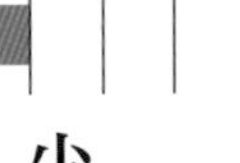

少

作業量

普通

栽培時間表

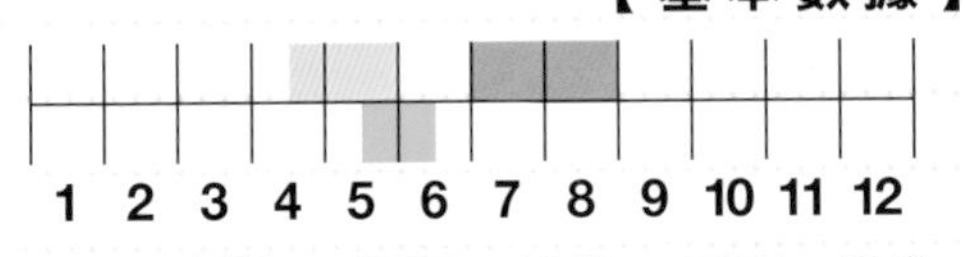

種植兩列，並以黑塑膠布保溫

將堆肥和有機石灰混入。可以採取不耕起栽培。將米糠或雞糞深深埋入田畦中央作為基肥。對寒冷抵抗力弱，播種時整個田畦都必須覆蓋黑色塑膠布保溫，當植株成長後，根部浮起時即可撤除。為了容易受粉，一定要種植2列，株間距離約30cm，1列約種植10株，大致就能以風為媒介完成授粉。根部紮實也具有防止風害的效果。

市民農園1區塊的平均空間使用範例

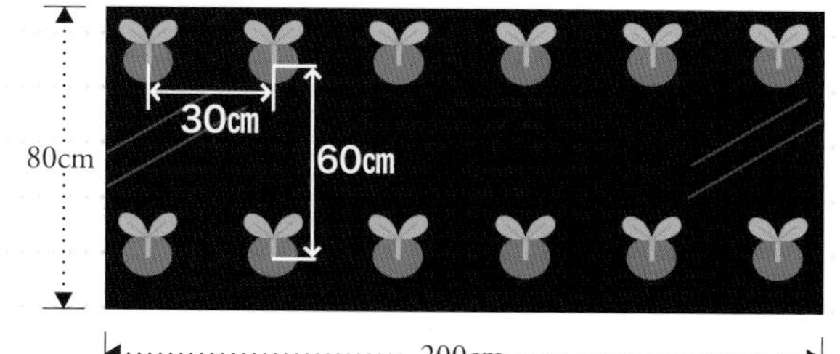

1.6㎡（上述的空間）大約所需的肥料

肥料	用量
熟成堆肥	5~8kg
有機石灰	200g
米糠或雞糞	500g

種植計畫

除了可連作之外，相容性高的蔬菜也很多

可以連作。每年可以在相同地方持續種植。後續如果種白蘿蔔、扁豆等蔬菜都可以順利生長。建議可以混植的蔬菜有小黃瓜、南瓜、紅蘿蔔、毛豆等。因為植株高度夠高，種在高度較低的菜葉萵苣或芝麻菜旁邊具有良好的遮陽效果。相容性不佳的蔬菜是異品種的玉米或蕃茄。

種植順序

1 播種時

種子浸泡一個晚上後，直接播種在田裡，一處約播下3粒種子，不要埋太深，以指尖輕輕壓入土裡，覆蓋一層土壤後輕壓即可。

2 發芽

雖然比較起來較容易發芽，但其種子或雙葉是鳥類喜歡的食物，必須覆蓋寒冷紗等作為保護。4月播種後，使用保溫力高的暖罩非常方便。

3 每隔一株進行間拔

當植株高度約30cm、本葉發出5～6片時，每隔一株進行間拔，高度長到50cm時撤除黑色塑膠布，在根部進行培土。

4 雄花開花

莖前端會開出雄花，風一吹則花粉飛舞，位於莖中間的雌花得以受粉，如果植株數量少的情況下，可以進行人工授粉。

5 覆蓋網子防鳥害

成熟的果實是鳥類的最愛，果實長大後一定要覆蓋防鳥網做為對策，順其自然則會全部被吃光喔！

6 玉米鬚轉成茶色後即可採收

玉米前端長出的玉米鬚，每一根都與裡面的果實相連，當果實成熟後就會轉成茶色，當玉米鬚變黑時，表示快要枯萎了，要盡快採收。

重點建議

如何才能採收碩大的玉米？

玉米一株約可結出2～3穗的玉米果實，如果想要採收較碩大的玉米，每一株只能留下一穗果實栽培，其餘摘除，摘下的小玉米，可以當作玉米筍食用。

毛豆

豆科

果然是啤酒的良伴！

確實整地，即可任其茁壯生長

嫩綠色飽滿就是美味好吃的果實，也就是指未成熟的大豆。趁著豆莢青綠時採收的是毛豆，等到植株枯萎時，即可採收大豆，大豆（毛豆）的種類非常多，因此依據品種不同，播種的時間也不一樣。若想作為毛豆來栽培的話，最好選擇早生或中生系列的品種。

毛豆性喜保水性佳、略具黏性的土壤，所以整地時請摻入多量的堆肥，因不喜歡酸性土壤，石灰量也要撒多一點。

豆類的蔬菜都是依靠根部上的根粒菌來吸收氮素化合物，因此氮肥過多會造成僅限於葉片生長茂盛，結實狀況卻不好的狀況，所以肥料的施放一定不可過量。至於給水部分，只要不過於乾燥，播種時進行一次給水即可。

強烈日照是蓄儲養分不可缺少的元素，葉片必須全面接受日照，因此株間距離必須約30cm。

【基本數據】

● 備忘錄

- ●品種不同，播種的時間也不一樣
- ●整地時需摻入大量的堆肥和石灰
- ●過多肥料會造成結實狀況不良
- ●幾乎不需給水

● 收穫量

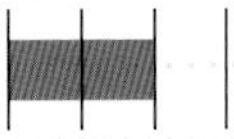

普通

● 作業量

少

● 栽培時間表

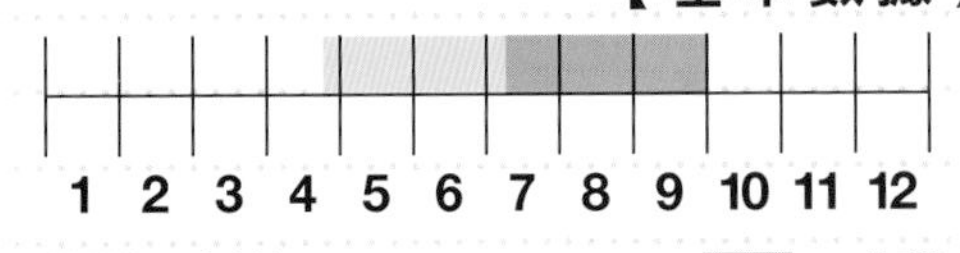

種植順序

1 播種時

將種子泡水一個晚上較容易發芽，要採取適當的株間距離，避免過於密集。一處約播3～4粒種子，為了防止鳥害必須覆蓋寒冷紗。

2 進行間拔

當植株本葉發出2～3片時，即可進行間拔留下1～2株健苗培育，因為根部容易受傷，因此與其移植幼苗，不如直接播種在田裡失敗率較低。

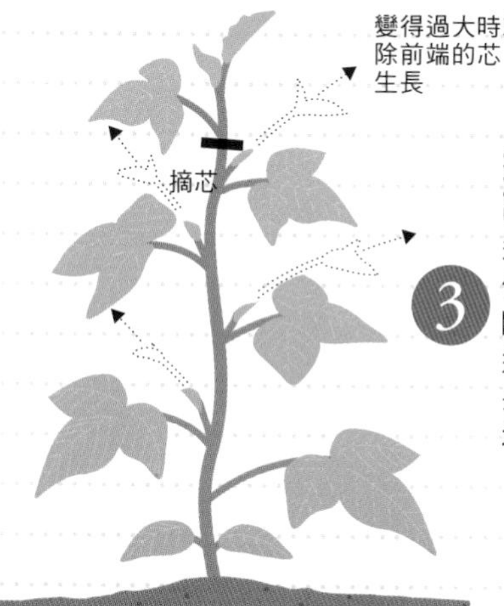

3 摘除前端的芯讓側芽生長

通常放任其自由生長即可，但若是施肥過多而使植株不斷生長，高度過高時，就必須摘出前端的芯抑制其生長，讓側芽生長。仔細觀察幼苗的狀況後再判斷。

4 開出小花

如果葉片過於茂密的話，花會開的特別小。無法充分日照則無法結出健康的果實，因此日照一定要充足。

5 豆莢鼓起膨脹後即可採收

當豆莢變大，中間的豆實會漸漸膨脹鼓起，當豆莢八成左右都已經圓實飽滿時，就可以採收了，採收過遲數量會減少。

重點建議

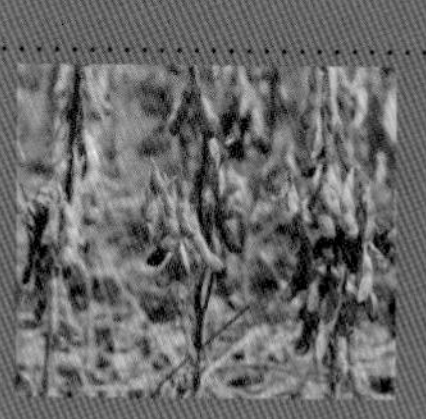

採收大豆時的注意事項

若要作為大豆來採收的話，要選擇晚生系列的品種，當豆莢轉成褐色發出乾燥聲音時就可以收割，根朝下陰乾後就可以將豆莢剝開取出豆子。

整地準備

必須注意土壤的中和和施肥過量

將堆肥和有機石灰混入仔細整地，讓堆肥充足。生性厭惡酸性土壤，所以石灰要多一點讓pH值降至6以下。田畦為排水良好的高田畦較適當。將米糠或雞糞深深埋入田畦中央作為基肥。前作所殘留的肥料仍可以利用，因此肥料可以少一點。此外毛豆對寒冷的抵抗力較差，所以必須整體覆蓋黑色塑膠布，為了讓日照充足株間距離必須30cm以上，種植2列。

市民農園1區塊的平均空間使用範例

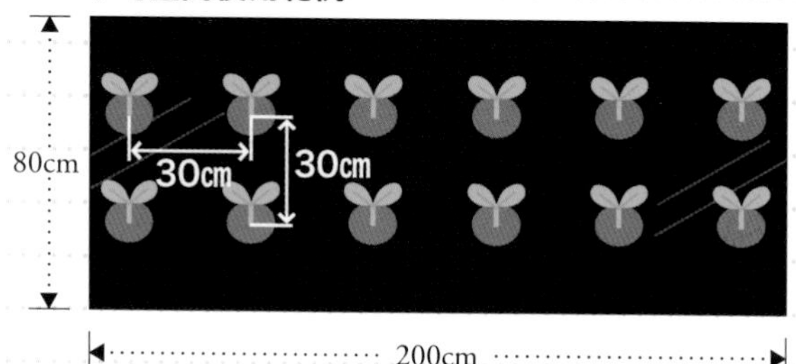

1.6㎡（上述的空間）大約所需的肥料

肥料	用量
熟成堆肥	5~8kg
有機石灰	200g
米糠或雞糞	300g

種植計畫

以菌力而使土壤肥沃的蔬菜做為後作

無法連作，同一個地方種植需要間隔2年以上。後面最好種植洋蔥或菠菜，不適合種植紅蘿蔔。相容性佳的共作蔬菜有茄子、青椒、芋頭等，種植在芹菜旁邊可以有效防止蚜蟲的侵害，與青蔥類相容性差，要避免混植。

食用果實的蔬菜

可以大量採收的越冬蔬菜

豆科

蠶豆

越過寒冬仍可茁壯生長的春豆之王

保存時間不長的蠶豆，也是要親自栽種體會新鮮滋味的蔬菜之一。雖然生長速度緩慢，保溫及防蟲對策都非常花費工夫，但也就是因為這樣才顯得滋味格外美妙吧！

播種必須進入11月之後進行，為了防止霜害，必須覆蓋黑色塑膠布，到了春天開花後，又會引來蚜蟲，一旦發現請立刻以手撥落，用心培育一株約可以採收20～30只豆莢。

【基本數據】

● 收穫量　普通

● 作業量　普通

● 栽培時間表

1	2	3	4	5	6	7	8	9	10	11	12
				收穫					播種	播種	

…播種　…收穫

整地準備

市民農園1區塊的平均空間使用範例

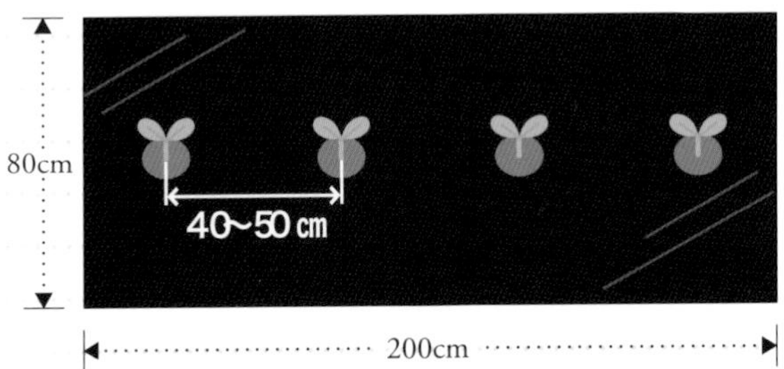

深埋大量肥料寬敞地栽種

將堆肥和有機石灰混入。確實將米糠或充足的骨粉埋入田畦中央深約1m作為基肥。覆蓋黑色塑膠布，肥料正上方種植1列，生性不喜過於密集，株間距離必須間隔40～50cm左右。

1.6㎡（上述的空間）大約所需的肥料

熟成堆肥…… 5~8kg　有機石灰…… 200g　米糠或雞糞…… 750g

種植順序

1 播種時

首先種植在側邊有黑色帶狀的塑膠布上。挖出約3cm的植穴，盡量將豆子隱藏起來。一處播1粒種子即可。

2 變冷前覆蓋稻草

雖然發芽率很高，生長速度卻很慢。如果太過嚴寒，植株不會向上成長反而會往旁邊擴展，因此要鋪上稻草等保溫，延伸成長時必須架立支柱。

3 4月後開花

進入4月開出淡紫色小花後會招致蚜蟲，必須仔細以手撥下，花期結束後，會往天空方向結出豆莢。

4 豆莢開始下垂時即可採收

5月左右，因為果實開始變重，豆莢會開始下垂，莢背線條轉為黑色時就可以採收了，趁早採收口感較為柔軟可口。

豌豆

豆科

品種眾多、栽培容易的美味蔬菜

享受品種眾多且栽培容易的樂趣

絹豆、綠豌豆、紅豌豆，不管哪個，都是豌豆的一種，栽培的方法也都大致相同。

如果秋天播種的話，必定會經歷寒冷的冬天，因此11月下旬開始，必須覆蓋乾稻桿保溫。栽培成功的秘訣是持續到5月的充足基肥，儘量不進行追肥，除了架立支柱或拉網子之外，不需太過花費工夫，建議可以同時享受種植不同品種的樂趣。

【基本數據】

● 收穫量

少

● 作業量

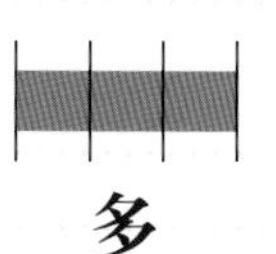

多

● 栽培時間表

1 2 3 4 5 6 7 8 9 10 11 12

…播種 …收穫

整地準備

市民農園1區塊的平均空間使用範例

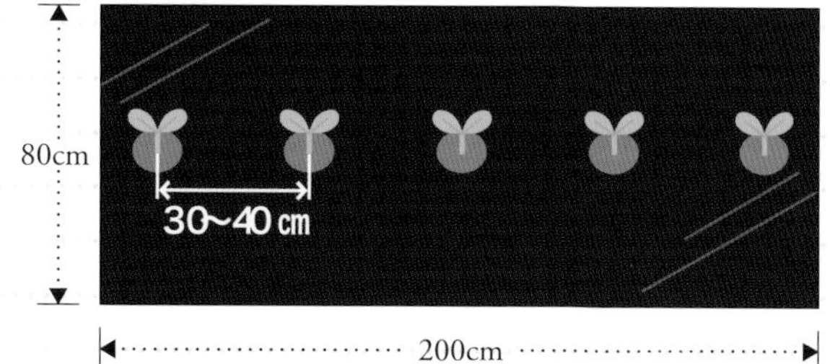

確實整地、基肥充足

將堆肥和有機石灰混入。因為極度厭惡酸性土壤，因此要多加石灰將酸鹼值提高。充足的米糠裡添加骨粉埋入田畦中央深約1m處作為基肥，覆蓋黑色塑膠布防止雜草生長。

1.6㎡（上述的空間）大約所需的肥料

熟成堆肥…… 5~8kg　有機石灰…… 200g　米糠或雞糞…… 750g

種植順序

1 播種時

株間距離約30cm，直接播種在田裡即可，先以指尖挖出深約3～4cm的植穴，一處播3粒種子。為了防鳥可以覆蓋寒冷紗。

2 架立支柱

間拔後留下的一株幼苗，開始延伸成長後，必須架立支柱，為了避免植株過於茂密而倒塌，架設務必牢固，再拉網子誘引即可。

3 開花

進入4月後藤蔓會快速延伸，陸續開出花來，多餘的孫藤蔓必須摘芯，花期結束後，內含果實的豆莢會漸漸膨脹鼓起。

4 5月左右採收

收穫期為5～6月約1個月左右。綠豌豆的豆莢膨脹鼓起時即可採收，而絹豆可以更早採收。

對暑熱抵抗力弱，秋天種植要注意溫度

燉肉及咖哩等家庭料理中不可缺少的蔬菜馬鈴薯。由於滋味和口感，以及大、小多樣性豐富，使其成為家庭菜園裡最受歡迎的蔬菜。

雖然說馬鈴薯是屬於比較容易栽培的蔬菜，但是對酷暑卻無抵抗力，氣溫較低的春天種植較沒有問題，如果是秋天種植的話，必須在較涼爽後再種植。還有，如果用的是切下的芽眼，可能切口處會腐爛，因此秋天種植時請勿將芽眼切下，直接整個種植即可。

栽培時最重要的重點是肥料不可過多，肥料過多的話會造成葉子長得非常茂盛，根部卻長不大的情況，也就是所謂的「莖蔓茂盛」的狀態。因此若因收穫的薯根太小而將肥料份量增加，可能會得到反效果，確實進行摘芽才能夠栽培出較大的薯根。

對於在田裡時間較少或是不想花費太多時間的人，建議覆蓋黑色塑膠布，如此一來，可以省下不少拔草或培土的時間。

【基本數據】

● 備忘錄

- ●栽培容易
- ●春植秋植皆可
- ●施肥勿過多
- ●摘芽才能結出較大的薯根
- ●鋪黑色塑膠布可使工作輕鬆

● 收穫量

多 ～ 少

● 作業量

多 ～ 少

● 栽培時間表

	1	2	3	4	5	6	7	8	9	10	11	12
春植		植入	植入		收穫	收穫						
秋植	收穫	收穫						植入	植入			收穫

…植入　…收穫

整地準備

想要培育出較大的薯根，施肥勿過多

將堆肥和有機石灰混入，做出寬60cm、高30cm的田畦，種植薯種前2週，必需完成整地工作。種植時，挖掘剛好可以埋入薯種的植溝種下即可，株間距離約30～50cm，株間施放一小把肥料即可，肥料過多反而會造成薯根長不大的狀況。鋪黑色塑膠布雖然不是絕對必要，但在管理上可以輕鬆很多。

市民農園1區塊的平均空間使用範例

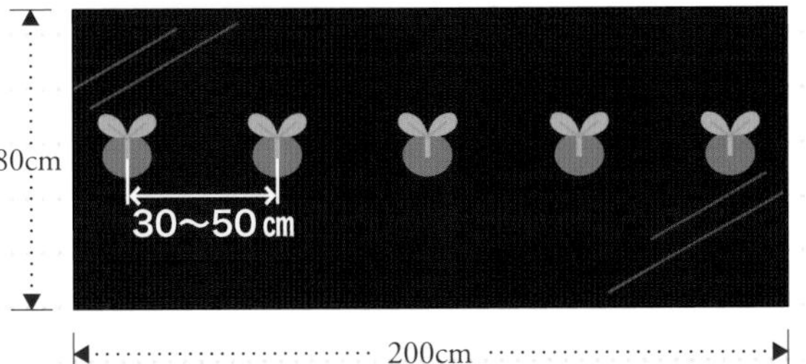

1.6㎡（上述的空間）大約所需的肥料

肥料	用量
熟成堆肥	5kg
有機石灰	200g
米糠或雞糞	300g

種植計畫

和豌豆、扁豆等豆科相容性高

性惡連作，要在同一場所種植必須間隔2年以上。前作如果種植高麗菜或菠菜的話，會造成馬鈴薯生長狀況不佳，要特別注意。最適合作為共生作物的蔬菜是豌豆、扁豆等豆類蔬菜，混植可以相輔相成，健康成長。此外和茄科蔬菜或南瓜相容性差，要避免混植。

種植順序

1 種植薯種

春天種植可切下芽眼，秋天種植直接種下整個薯種即可。將薯種放進植溝裡，上方覆蓋約10cm的土壤並鋪上塑膠布。

2 發芽

種下薯種後約1～2週就會發芽。通常一個薯種，大約會發出3～5個芽，一個月後就會開始長出本葉。

3 摘芽培育出較大薯根

當芽延伸到約20～30cm時，必需進行摘芽，留下2根狀態較佳的芽，其餘的摘除。為了避免將整個薯種拔起，摘芽時以手指壓住薯種後，將芽拔起即可，若沒有自信還是以剪刀剪比較好。

4 進行培土

若沒有鋪塑膠布，不要忘了要進行培土。長出地表的馬鈴薯會變成綠色，口感不佳，所以必須定期觀察，將土覆蓋滿莖部的部份。

5 葉子開始枯萎時即可採收

葉子開始枯萎時就可以採收了，盡量靠近地面的位置，握緊根部拔起，事先以小鏟子挖掘較容易拔起。

（重點建議）

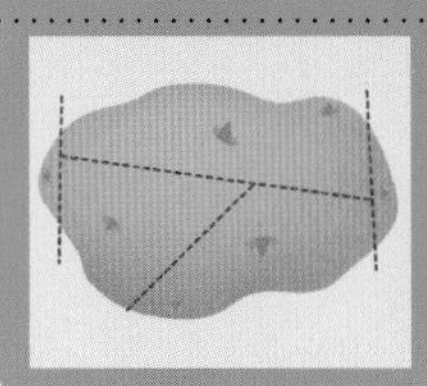

春植時薯種的切法

將兩端芽眼較多的部份切掉，大型的馬鈴薯切成3等分，切下的部份一定要有芽眼，種植時切口面積較大的部份朝下方。

白蘿蔔

十字花科

廣泛使用於各種料理的人氣蔬菜

不需花費時間的蔬菜，最好是秋天播種喔！

白蘿蔔是作為關東煮或鰤魚蘿蔔等冬天料理非常活躍的蔬菜。不管是充滿水份甘甜的青頭蘿蔔，或是大而圓的櫻島蘿蔔等，種類豐富是其主要魅力。

選擇品種一整年都能種植，但一般還是以春播和秋播為主，其中最不費工夫的是秋天播種、冬天收成的秋播。因為秋天氣溫低，較不易產生蟲害，避開持續的暑熱，過9月之後再播種，幾乎沒有給水的必要。但是播種期最慢只到10月中旬，因為接下來蘿蔔的粗壯生長期正好和氣溫下降的時期重疊，很難期望蘿蔔可以長的好。若於秋天播種最好是以寒冷紗等來進行保溫對策。

雖然因為田地狀況不同，有可能會種出歪曲或兩股根的蘿蔔，不過這也正是家庭菜園的樂趣所在，若想種出筆直的蘿蔔，整地時就必須深耕將土壤深處的小石子去除，同時必須將肥料施放在不碰觸根部之處。

【基本數據】

備忘錄

- 品種豐富，一整年都可以栽種
- 秋播比較不花費工夫
- 冬天必須進行保溫對策
- 深耕避免根部碰觸石子及肥料

收穫量

多

作業量

普通

栽培時間表

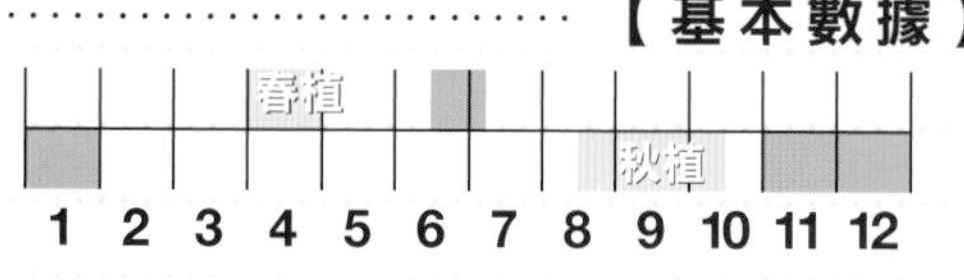

整地準備

避免根部碰觸肥料，進行兩側施肥

將堆肥和有機石灰混入。土壤必須深耕約40～50cm，作出高約30cm的田畦，將米糠或雞糞等肥料施放於兩側，避免根部觸及肥料，約20cm左右的深度最佳。田畦整個覆蓋黑色塑膠布，株間距離約30cm作出植穴。這些工作都必須在播種前2週完成。秋天播種的情況下，要將夏季蔬菜的殘餘或枯草和肥料一起混合，可以讓土壤更加肥沃。

市民農園1區塊的平均空間使用範例

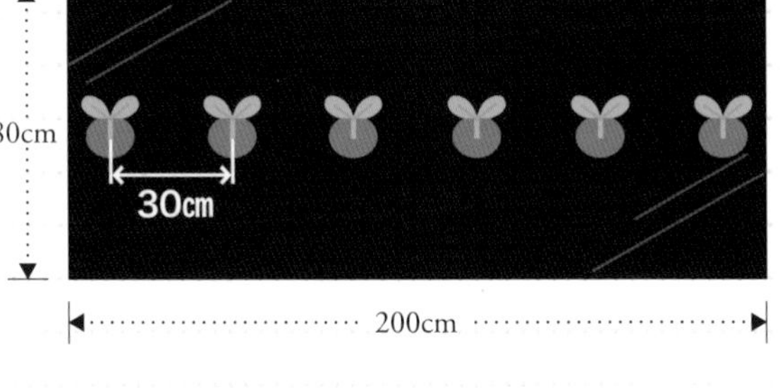

1.6㎡（上述的空間）大約所需的肥料

肥料	用量
熟成堆肥	5~8kg
有機石灰	200g
米糠或雞糞	500g

種植計畫

白蘿蔔可以連作，不可與青蔥類混植

白蘿蔔是可以連作的蔬菜，尤其是種植在曾經種過玉米的田地裡，可以孕育出表面光滑的優質蘿蔔。如果和青蔥或韭菜等混植的話，很容易造成根裂的現象，最好避免。寒冷時期被害蟲侵害的機率也比較低，比起春天播種，在此較推薦秋天播種。

種植順序

1 體積微小的白蘿蔔種子

白蘿蔔是可以長的非常大的蔬菜，可是種子卻是非常微小。根菜類蔬菜基本上不能移植，所以不能以育苗盆培育，直接播種在田裡即可。

2 播下5粒種子

覆蓋了塑膠布的植穴裡各撒入5粒種子後，上面灑上土壤掩蓋，充分壓平緊實，土壤水分保持好就不需要進行給水。

3 第一次間拔

發芽後當本葉長到3～4片時，必須進行第一次間拔。留下2株健苗，其餘的拔除。為了讓幼苗穩定，間拔後必須進行培土。

4 享受間拔下的幼苗

拔下的幼苗如果丟棄就太可惜了，雖然還不具有蘿蔔的形狀，但請務必要品嘗看看其鮮嫩的美味。

間引きダイコン

5 第二次間拔

當本葉長到7～8片時，必須進行第二次間拔，只留下1株健苗栽培。拔下的蘿蔔雖然很小，當然可以食用。

6 生長停止前採收

當葉子往上直立時就可以採收了，氣溫10℃以下就會停止生長，因此採收期限也到此為止。

7 露出地表的部份會轉成綠色

露出於地表的部份會轉成綠色，也就是會變成所謂的「綠頭蘿蔔」，順其自然也可以，若不喜歡則進行培土吧！

紅蘿蔔

傘形科

含有豐富維他命，增添料理色彩不可缺少的蔬菜

只要發芽成功之後就能順利生長

紅蘿蔔原產於中亞的阿富汗，因此性喜像沙漠一樣排水良好的土壤為其主要特徵。

選擇不同的品種，就可以全年栽種，但在此建議於夏天（7月）播種。紅蘿蔔要使其發芽非常困難，發育初期會因為水分不足、陽光強烈或寒冷等因素而枯萎。只有在土壤裡飽含水分、日照較小的夏季梅雨時期播種，才比較容易發芽。當然也有適合夏天栽種的品種，但在此推薦顏色鮮紅的金時蘿蔔以及胖嘟嘟的五吋蘿蔔。

播種到發芽之間，有非常多細微的事要注意，但是只要發芽之後就簡單了。因為原產於沙漠地帶，所以不需要水分，即使不費工夫也可以順利生長。

至於肥料等到播種約1個月，幼苗高度約10 cm時，再進行追肥，和白蘿蔔一樣，為了避免觸及根部，請實施條間施肥的方式。

【基本數據】

● 備忘錄

- 可以連作
- 即使地方狹窄也可以栽種
- 建議夏天播種
- 發芽較微困難
- 肥料只需要追肥即可

● 收穫量

普通

● 作業量

普通

● 栽培時間表

1 2 3 4 5 6 7 8 9 10 11 12

…播種　…收穫

整地準備

仔細做出如沙地般的田地

紅蘿蔔適合栽種於像沙漠一樣排水良好的土壤，請費心地做出土壤細緻的田地。種植像金時蘿蔔這種根部較長的品種時，土壤一定要深耕。田畦約需10cm的高度，種植2列，條間距離約30cm，種子間距離約1cm。剛開始不需要肥料，播種約1個月後，幼苗約長至10cm時，再以即效性高的油渣等進行條間追肥。

市民農園1區塊的平均空間使用範例

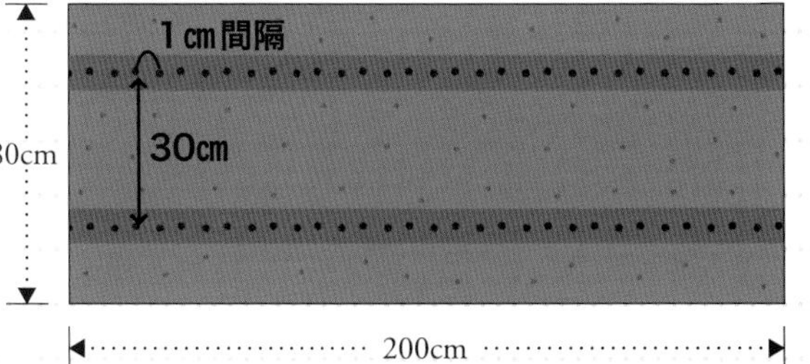

1.6㎡（上述的空間）大約所需的肥料

肥料	用量
熟成堆肥	5kg
有機石灰	200g
米糠或雞糞	300g

種植計畫

不建議種植在小黃瓜或毛豆之後

紅蘿蔔是可以連作的蔬菜，最令人快樂的就是連狹窄的空間也可以栽種，但是若種植在曾經種過小黃瓜或毛豆的田地裡，相容性不佳，最好避免。建議可以共作的蔬菜為洋蔥、青蔥、豆類等，將這些蔬菜混植於株間，可以有效預防疾病，使植株健康地生長。

種植順序

1 **大量直線播種**

紅蘿蔔要使其發芽非常困難，因此最好採取大量直線播種的方式，最好於不乾燥的梅雨季後播種，才比較容易發芽。

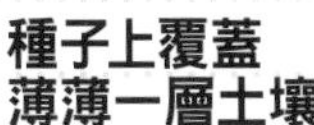

2 **種子上覆蓋薄薄一層土壤**

紅蘿蔔種子是屬於感光性種子，所以土壤不可覆蓋過厚，為了避免種子流失，覆蓋土壤後以手掌輕壓土壤使其密合。

3 **只要順利發芽就可以安心**

發芽後就可以順利生長。過於乾燥會導致根部發育不良，所以在日照強烈的地方必須覆蓋寒冷紗等遮光。

4 **植株5cm後開始進行間拔**

幼苗生長至約5cm時，就必須進行間拔，從幼苗密集的地方開始分成數次進行間拔。

5 **間隔10cm進行條間追肥**

植株最後間隔約10cm。幼苗生長至約10cm時，於條間進行部分施肥。

6 **不要忽略培土**

當紅蘿蔔生長至某種程度時，會露出地表，如果置之不理的話，顏色會變且口感不佳，所以一定要進行培土覆蓋。

7 **葉子開始枯萎時即可開始採收**

葉子開始變黃後就表示可以開始採收了，先探觸根部確認粗細大小後再進行採收。

8 **進行培土可以保存至至2月**

將凸出於地表部份進行培土保溫，可以持續保存，也可以繼續種植在田地裡至2月為止。

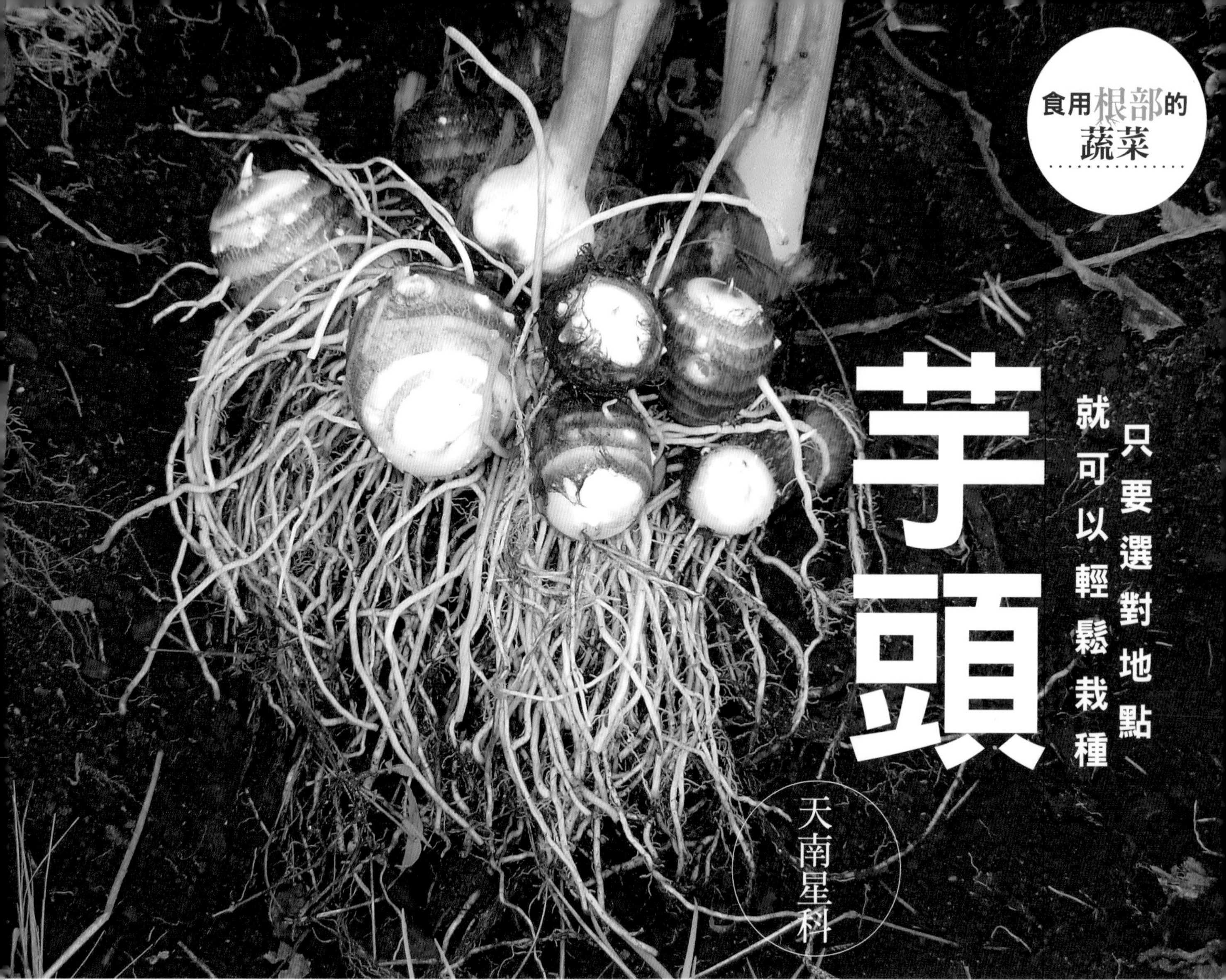

食用根部的蔬菜

芋頭

只要選對地點
就可以輕鬆栽種

天南星科

性喜高溫多濕，要注意水分補充

芋頭因為生長時間較長且需要較寬廣的空間，所以通常家庭菜園都敬而遠之，事實上，芋頭是非常容易栽培的蔬菜。只要選對種植的地點，開始時給予充分的基肥，之後並不需耗費太多的工夫照顧，對初學者來說非常適合。

芋頭原產於印度東部至印度尼西亞半島地區，性喜高溫多濕，對於乾燥抵抗力弱，因此必須確實補充水分。

最佳種植時期為春天，因為發芽溫度需25度高溫，所以必須覆蓋黑色塑膠布提升地溫，4月中旬～5月左右可種植芋種。芋種分為母芋和子芋，母芋一株約可收成大約一桶的芋頭。

如果生長順利的話，9月就可以先挖掘小芋頭（連同芋衣）品嚐了，但一般的收穫期是11月開始，但如果不挖掘仍舊長在土壤裡，透過初霜保存的話，就可以享受長期的採收之樂，挖掘出的母芋可作為明年的珍貴芋種，一定要好好地保存。

【基本數據】

● 備忘錄

- ●生長時間長，要慎選栽種地點
- ●肥料只需要基肥即可
- ●要特別注意水分補充
- ●母芋可作為明年的芋種，要好好地保存

● 收穫量

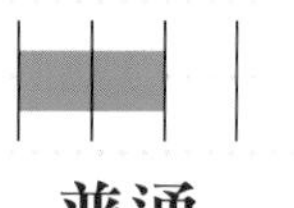

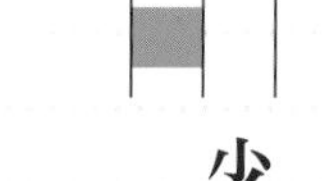

普通

● 作業量

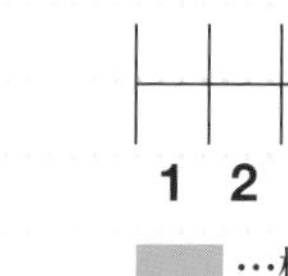

少

● 栽培時間表

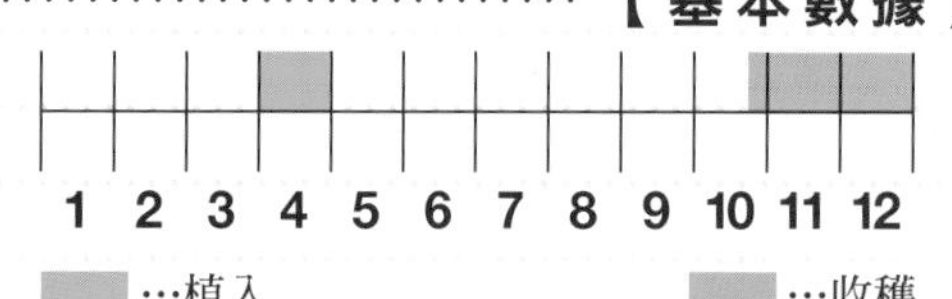

種植順序

1 種植芋種
市面販售的芋種為子芋，請選擇約7cm、未受傷的芋種，粗圓的部份朝上，深埋入約10cm的土壤裡。

2 種植母芋時
將上端的莖部切除，切口部份朝下種植，基肥上方覆蓋土壤之後將母芋放置於上，再覆蓋約5cm的土壤。

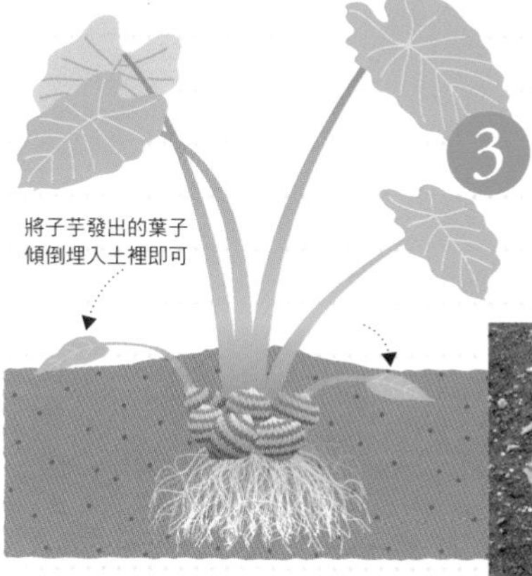

3 1月後即會發芽
發出數支芽後必須進行間拔，只留1支健芽，間拔1次即可，之後發出的芽就不需顧慮，只要將子芋的芽進行培土即可。

4 鋪稻草
梅雨時將黑色塑膠布撤除，根部進行培土之後，鋪上保水力高的乾稻桿，若不鋪稻桿就再將黑色塑膠布重新覆蓋上。

5 雜草不需顧慮
植株生長茁壯之後，雜草就不需顧慮，有雜草反而能提高土壤的保水力，葉片如果轉成茶色就表示缺水，要特別注意。

6 葉片枯黃就接近收穫期
進入10月後葉子開始枯黃，土壤裡的芋頭就會開始漸漸粗大，此時請暫時壓抑想採收的心情，耐心等到10月下旬再進行採收。

7 收成挖掘時要避免傷害芋頭
將莖切斷之後，以圓鍬將土掘起，要注意不要傷害芋頭，母芋的周圍會結滿密密麻麻的子芋，要特別小心。

整地準備

整地階段就必須施放充足基肥

因為芋頭對乾燥抵抗力弱，喜好濕潤的土壤，因此陰濕的環境最為理想。田畦做成高度7～8cm的低畦，寬度盡量寬，田畦中央挖出大洞，放入米糠或大量的堆肥當作基肥，再鋪上黑色塑膠布。株間距離約40～60cm寬，種植1列即可。生長期長，所以寬廣的空間是絕對必要，種植之後就不需要花費太多的工夫照顧，所以整地必須要確實。

市民農園1區塊的平均空間使用範例

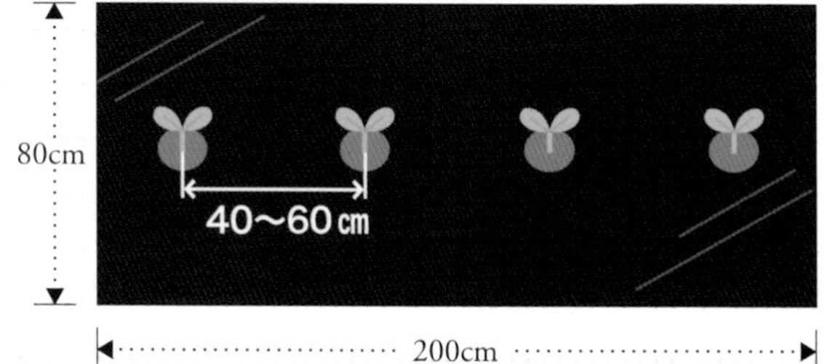

1.6㎡（上述的空間）大約所需的肥料

肥料	用量
熟成堆肥	5~8kg
有機石灰	100g
米糠或雞糞	100g

種植計畫

建議和毛豆一起種植

芋頭並不適合連作，要在同一場所種植至少須間隔3～4年。另外和馬鈴薯的相容性非常差，要避免作為馬鈴薯的後作。相容性佳的共作植物為毛豆，在田畦南側的邊上種植毛豆，可以相輔相成，協助成長。

食用根部的蔬菜

地瓜

旋花科

甘甜鬆軟的地瓜，連孩子們都喜歡！

不需水分及肥料，生命力強的蔬菜

地瓜原產於中南美洲的沙漠地帶，對暑熱的抵抗力強，即使是貧脊的土地，沒有水分也沒有肥料，依然可以生長茁壯，是生命力超強的蔬菜。

種植時期從5月下旬開始，不喜歡潮濕土壤，所以培土時要避免水分留滯，如果覆蓋塑膠布就不需要進行培土。

同樣是地瓜則可以連作，但如果田裡殘留肥料過多，會導致地瓜無法長大，作為其他蔬菜的後作要格外注意。

【基本數據】

● 收穫量　多～少

● 作業量

● 栽培時間表　1 2 3 4 5 6 7 8 9 10 11 12

…植苗（4月下旬～7月）　…收穫（9月下旬～11月）

整地準備

市民農園1區塊的平均空間使用範例

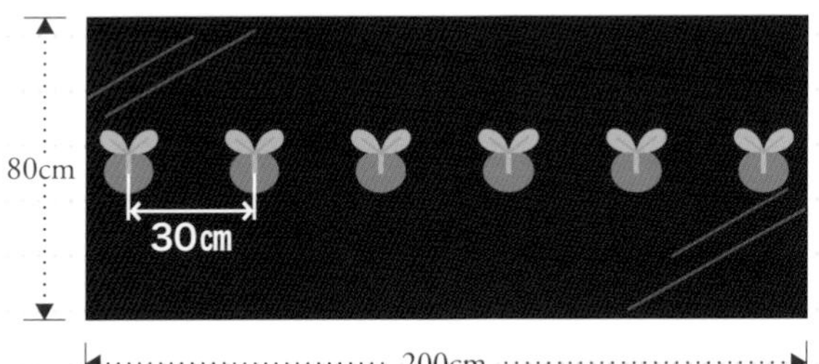

性喜貧脊土地，所以不需肥料

整地時請做出通風良好的高田畦，為了讓田畦兩側日照充足，田畦高度約30cm。株間距離約30～40cm，不需肥料。地瓜對乾燥抵抗力強，最適合貧脊的弱酸性土壤。

1.6㎡（上述的空間）大約所需的肥料

熟成堆肥……5kg　有機石灰……無　米糠或雞糞……無

種植順序

1 插地瓜藤蔓

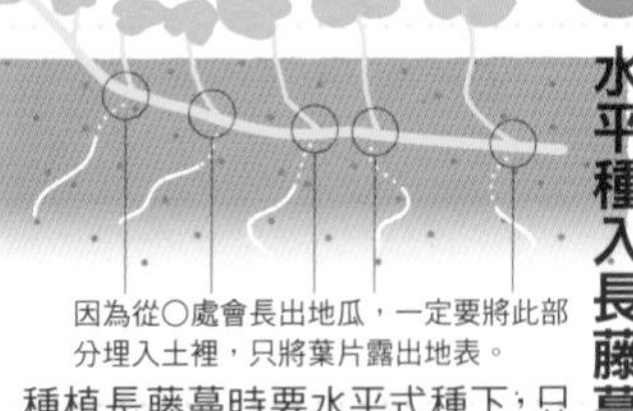

地瓜主要是種植藤蔓，將帶著3～4片葉片的短藤蔓垂直插入土壤裡，不可使用根已經全部長出的藤蔓。

2 水平種入長藤蔓

因為從○處會長出地瓜，一定要將此部分埋入土裡，只將葉片露出地表。

種植長藤蔓時要水平式種下，只將葉子露出地面，藤蔓要埋進土裡，沒有給水的必要。

3 藤蔓延伸生長

根部確實穩定後藤蔓很快就可以開始延伸生長，如果失敗就將成功延伸生長的藤蔓切下一部份，再重新種植一次即可。

4 拉回莖蔓

隨著植株生長藤蔓會越來越茂密，為了管理方便可以將莖蔓拉回。將不斷延伸生長的藤蔓往中央拉回，也可以將過長的藤蔓切除。

5 藤蔓轉成紫色後就可以採收

藤蔓轉成紫色後就表示可以採收了。可以試掘看看確認收穫時期，將藤蔓切斷，用手挖掘避免傷害地瓜。

從種植小型的蕪菁開始吧！

十字花科

蕪菁

種植在家庭菜園，享受水分充盈的蔬菜

蕪菁除了生長期只有短短的50天之外，也不需要寬廣的空間，非常適合家庭菜園栽種。照顧的方法只需要注意給水，其他並沒有什麼困難，很適合初學者嘗試。

要種出美味好吃的蕪菁，重點在於充分地給水，不只在播種的時候，要養成土壤一乾燥就必須充份給水的習慣。大口咬下剛採收的新鮮蕪菁，那甘甜滋味和充滿水分的口感，令人驚訝。

【基本數據】

● 收穫量：多

● 作業量：少

● 栽培時間表

	1	2	3	4	5	6	7	8	9	10	11	12
播種								■	■			
收穫										■	■	■

…播種　…收穫

整地準備

市民農園1區塊的平均空間使用範例

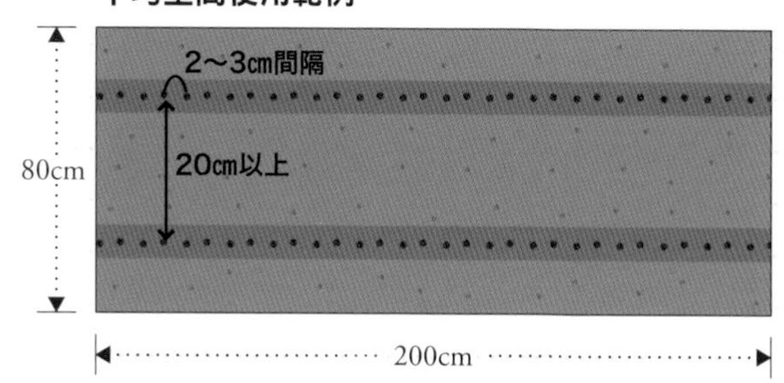

寬廣的田畦可種植2列

田畦為寬60cm×高10cm左右。挖掘深度約5～10cm的植溝，以直播的方式播種。寬廣的田畦可以種植2列，採條間施肥的方式施肥。較狹小的田畦則種植1列，進行兩側施肥，肥料量少即可。

1.6㎡（上述的空間）大約所需的肥料

熟成堆肥……5~8kg　有機石灰……200g　米糠或雞糞……300g

1 蕪菁種子

照片為蕪菁的種子，適合初學者栽種的小型蕪菁。播種前請先挖出深度5～10cm的植溝，給予充足的水分後再進行播種。

2 播種

採取直播的方式將種子間隔2～3cm播下後，覆蓋一層薄土，如果撒入太多種子，發芽會過於茂密，間拔時會非常耗費時間和工夫，因此要控制恰當。

3 進行間拔

4～5日即會發芽，當本葉長出2～3片時就可以開始進行間拔，首先拔除約1半的量，隔週再拔除一半的量。

4 間拔的訣竅

將葉片茂密的部份拔除，使株間距離相同，最後的株間距離約10cm左右，間拔後要進行培土使植株穩定。

5 50天左右即可採收

小型蕪菁約50天左右即可採收，緊抓住莖部下方拔起即可，太慢採收會造成蕪菁分裂的現象，一定要及早採收。

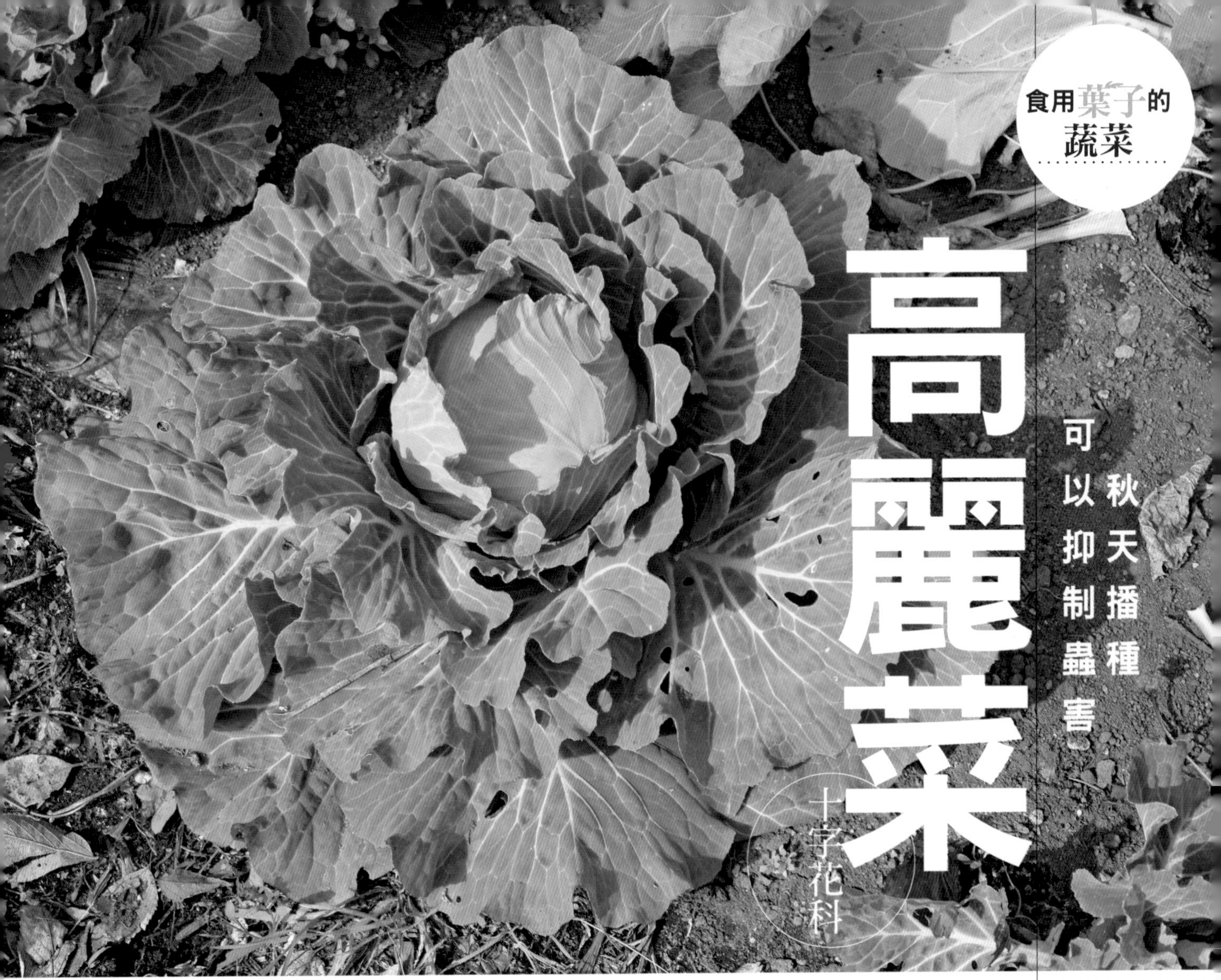

食用葉子的蔬菜

高麗菜

十字花科

秋天播種
可以抑制蟲害

要抑制蟲害，秋天播種的效果最好！

高麗菜基本上一整年都可以播種栽種，但是其最大的敵人就是害蟲，情況嚴重時整個高麗菜都會被吃光殆盡，不得不注意。春天播種不管怎麼樣都容易遭受蟲害，因此秋天播種會比較恰當，選擇涼爽時期栽種，可以將蟲害抑制到最低。

9月底~10月中旬播種，雖然生長較為遲緩，要到隔年的2~3月才可以收成，這樣的結果反而更好，歷經寒冬的淬鍊，可以培育出比其他時期味道更為濃郁、更為甘甜的高麗菜。

但是就算秋天播種，如果氣溫持續高溫的話，也可能產生蟲害，此時最好覆蓋寒冷紗拱門棚。拱門棚的效果驚人，不只如此，還能採收到漂亮的高麗菜喔！

比起大白菜，所需的肥料量較少，就算沒有什麼肥料也能確實結球，可說是不費工夫，因此初學者一定要挑戰看看喔！

【基本數據】

● 備忘錄

- 初學者也可以輕鬆栽培
- 要特別注意遭受蟲害
- 建議於涼爽的秋天播種
- 如果擔心蟲害可以覆蓋寒冷紗拱門棚

● 收穫量

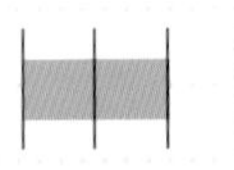

普通

● 作業量

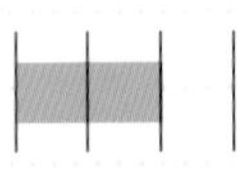

普通

● 栽培時間表

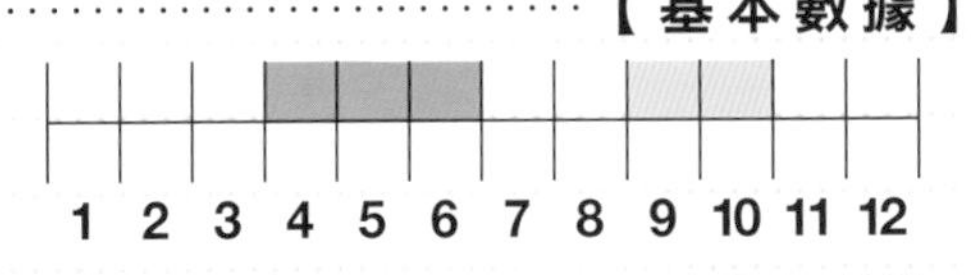

整地準備

空間足夠的話可以種植2列

首先將堆肥和有機石灰混入，從基本的整地工作開始。田畦寬度不夠的話種植1列即可，田畦寬度如為1～1.5m則可種植2列。不管哪一種，株間距離都必須在30cm以上，種植1列時，採取兩側施肥，種植2列時進行條間施肥，如果時間充裕的話，最好在種植前2週將肥料混入整個田地裡，田畦整理完成後，整個覆蓋黑色塑膠布。

市民農園1區塊的平均空間使用範例

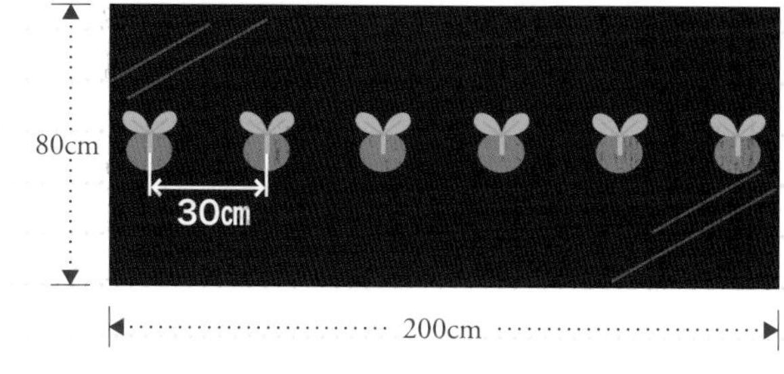

1.6㎡（上述的空間）大約所需的肥料

熟成堆肥	5~8kg
有機石灰	200g
米糠或雞糞	400g

種植計畫

相容性高的蔬菜相當多，可充分享受組合樂趣

高麗菜會產生連作障礙，所以同一塊地要連續種植的話，至少要間隔2年以上。適合作為共生作物的蔬菜有萵苣、芹菜、蕃茄、洋蔥、豆科的蔬菜等。因為相容性佳的蔬菜很多，可以充分地搭配栽種，相反地相容性不佳的蔬菜為草莓，混植會造成雙方生長不良的狀況。

種植順序

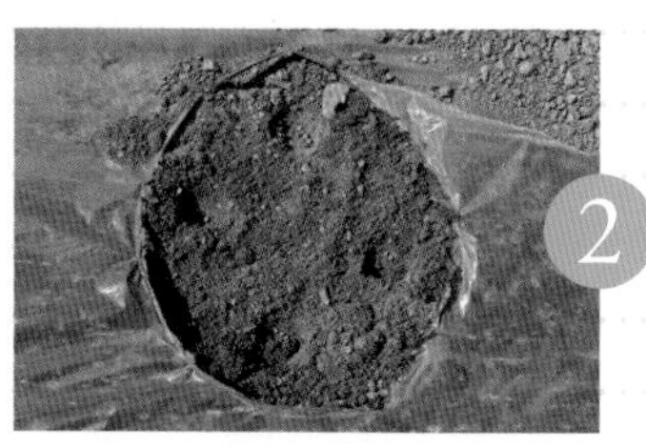

1 **高麗菜種子**
高麗菜種子非常小，雖然一整年都可以播種，但是最適合的時間還是9月底～10月中旬，間隔30cm點播即可。

2 **播種方法**
以手指挖出3～5個約5mm的種穴，每個穴裡播進1粒種子，播種完成後覆蓋土壤，輕壓給水即可。

3 **約1週即可發芽**
不到1週的時間就會發芽，芽整齊發出後必須拔除1～2株，留下3株健芽即可，等待這3株芽開出本葉。

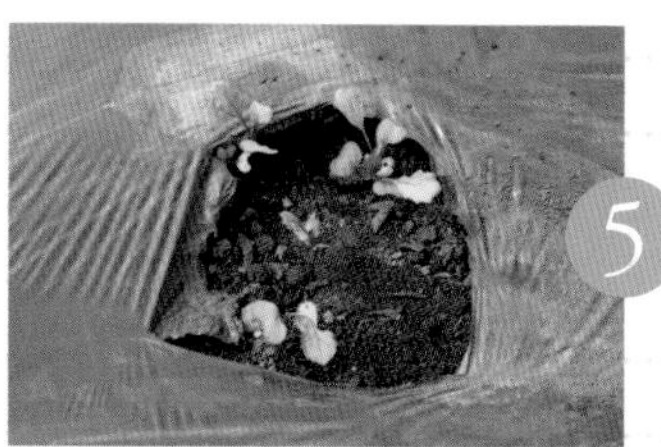

4 **間拔留下2株**
本葉發出後，將弱小不健康的1株拔除，留下2株，雖然生長狀況會有些許差異，但是要拔除哪一株應該很容易看出來。

5 **間拔留1株**
當本葉長出數片時，就可以很清楚看出生長上的差異，留下葉片茂密，生長狀況健康的1株，另1株拔除即可。

6 **以育苗盆育苗**
以育苗盆育苗時，約如照片裡大小時就可以移植進田裡，當本葉發出6～7片時，莖也已經很穩固了。

7 **結球後即可採收**
結球後以手從上面輕壓看看，結球如果變硬、變結實就表示可以採收了。

※①～⑥是紫色高麗菜的照片。

食用葉子的蔬菜

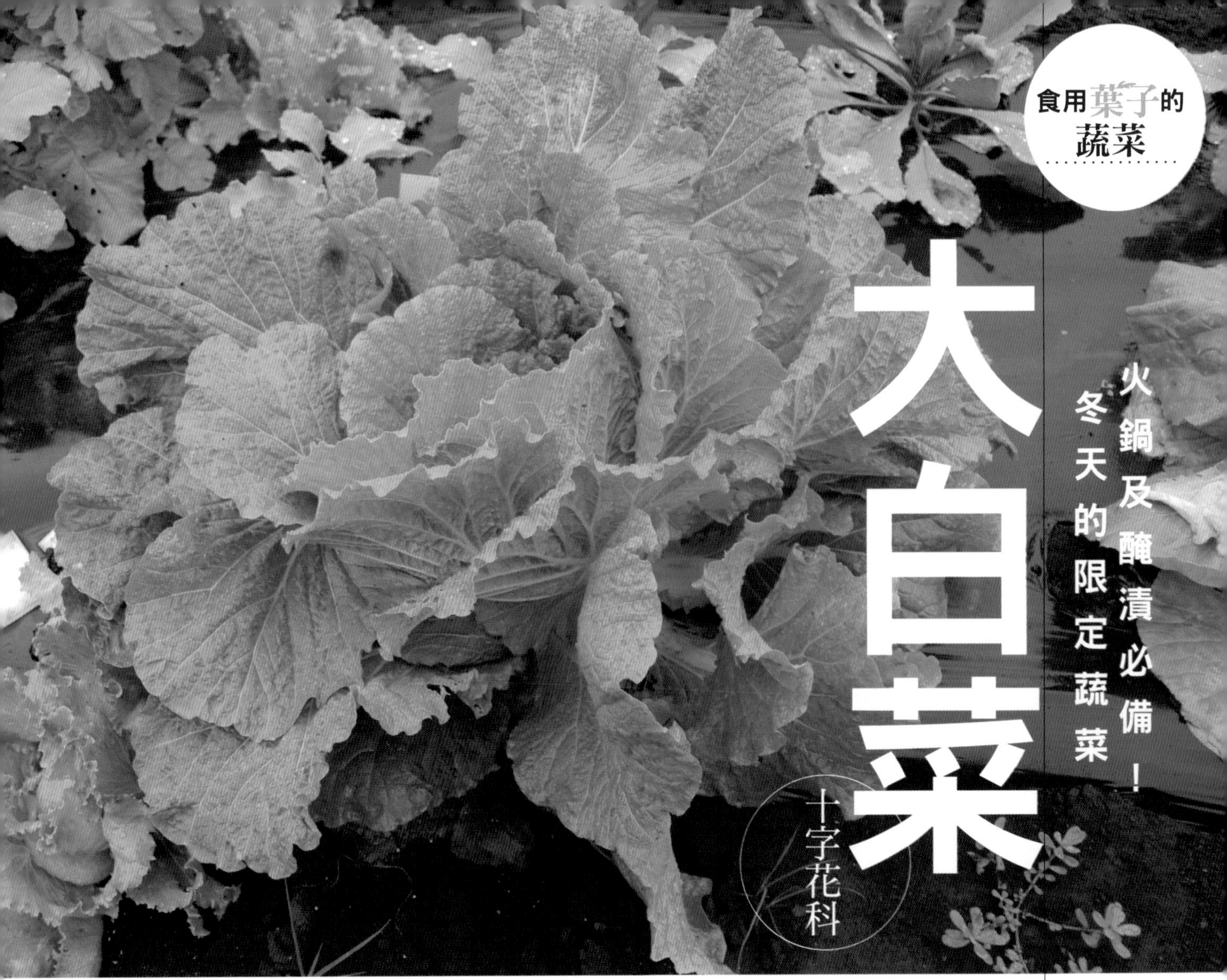

大白菜

火鍋及醃漬必備！冬天的限定蔬菜

十字花科

具細緻的一面，栽培難度較高

雖然同屬於十字花科的結球蔬菜還有高麗菜，但是大白菜比起高麗菜更有纖細的一面，培育上難度也較高。

大白菜非常需要肥料，所以整地時需要大量的堆肥，再以米糠或雞糞等進行部分施肥，至少在1個月前就必須確實施肥，準備好種植的場所。

雖然初秋時播種，冬天就可以收成，但是如果寒冷提早來報到的話，可能造成不容易結球的狀況，所以要特別注意播種時間不可過遲。若生長遲緩，過了12月中還無法結球時，可用繩子綁成結球狀較有效果。

病蟲害的防治對策也不可欠缺。做出高田畦覆蓋塑膠布，同時以寒冷紗拱門棚來培育的話，可以將被害機率降到最低。寒冷紗拱門棚也可以防寒，可說是一舉兩得。

初學者可選擇較容易栽種的小型品種，建議可以選擇中國蔬菜中的小菜（白菜筍）或約20㎝的迷你白菜等品種。

【基本數據】

備忘錄

- 需要大量肥料
- 播種時間不可過遲
- 結球較為困難
- 必須覆蓋寒冷紗拱門棚
- 建議栽種小型品種

收穫量

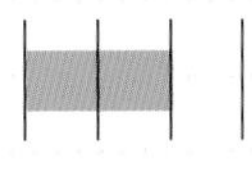

普通

作業量

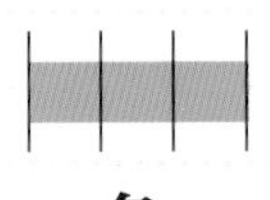

多

栽培時間表

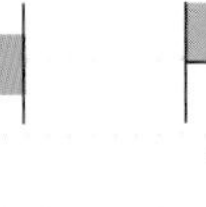

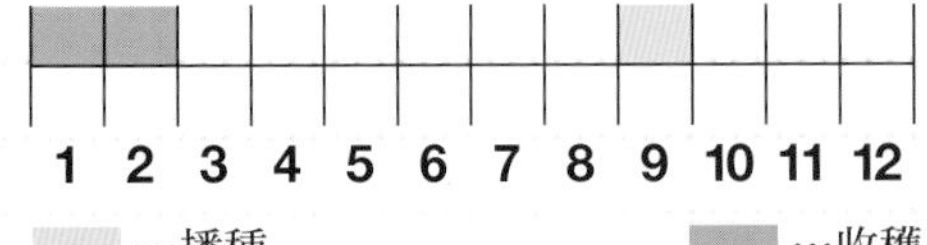

…播種 …收穫

地準備

覆蓋黑色塑膠布防寒促使結球

基本上大白菜都是種植2列，但是必須確保條間距離為40cm左右，若空間不夠的話就種植1列。田畦高度約30cm，需要大量的肥料，所以以大量堆肥整地之後，必須將米糠（或雞糞）埋進條間（若種植1列則埋於兩側）深處。太過寒冷會造成不結球的狀況，可以覆蓋黑色塑膠布防寒。

市民農園1區塊的平均空間使用範例

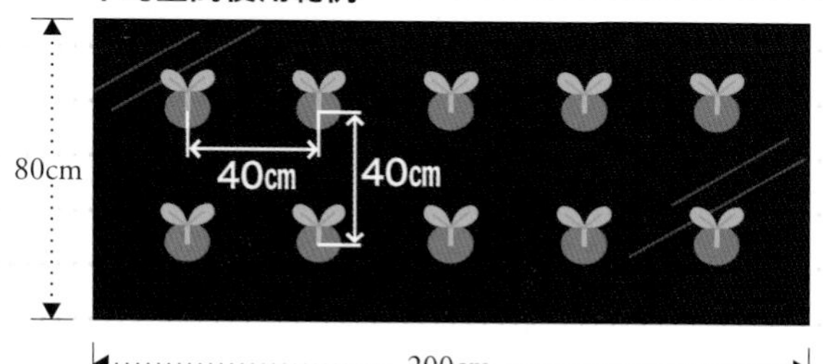

1.6㎡（上述的空間）大約所需的肥料

熟成堆肥	5~8kg
有機石灰	200g
米糠或雞糞	500g

種植計畫

大白菜不適合連作或混植

不適合連作，所以同一塊地要連續種植的話，必須要間隔3～5年。大白菜之後若種植西瓜、哈蜜瓜、地瓜等，生長狀況必定不佳，可能會因為殘留的肥料過多而引起「葉過盛」「莖蔓過盛」的症狀。要使其結球必須費點工夫，除了必要的空間之外，要避免與其他蔬菜混植。

種植順序

1 大白菜直播播種

大白菜是屬於移植困難的蔬菜，因此採取直接播種的方式，播種時期太慢會造成不結球現象，所以9月之前要完成播種。

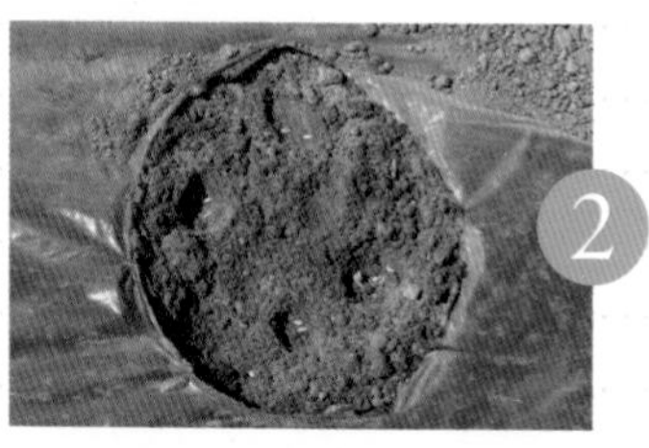

2 播種方法

以指尖挖出4～6個約5㎜的種穴，每個穴裡播進1粒種子，播種完成後覆蓋土壤後輕壓即可。

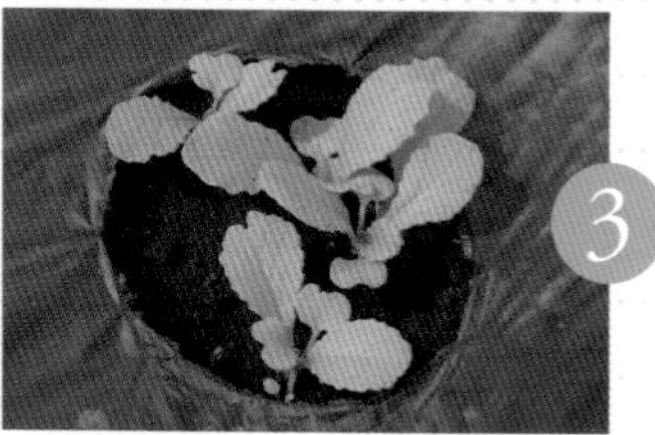

3 僅留2～3株，其餘間拔

本葉發出雙葉後，就要進行間拔，將不健康的植株拔除，僅留下2～3株即可。

4 間拔只留下1株

間拔至最後僅留下1株健苗即可，適合生長的溫度為15℃以上，此時期以培養大片外葉為主要重點，覆蓋寒冷紗拱門棚作為防蟲對策。

5 如照片般則接近收穫期

10月中旬葉片若增加，葉片會自然捲起，到12月中旬就可以收穫了，若經歷霜降這樣的酷寒可能無法結球，要特別注意。

6 長不大時請以繩子綁住

到了12月中旬如果尚未達到可收穫的大小時，可以試著像照片一樣將外葉上端綁起，透過外葉的包覆，可以使內葉保溫並促進生長。

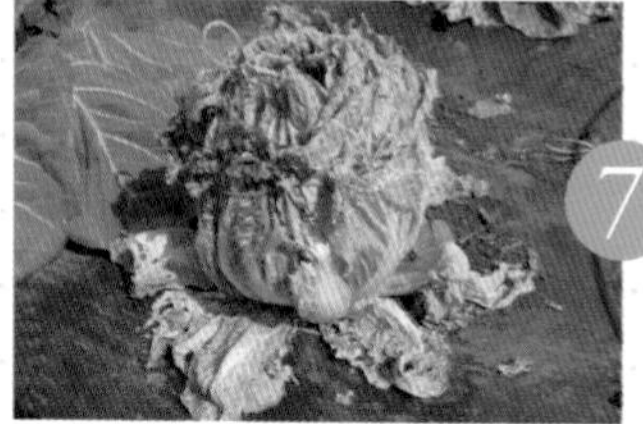

7 確定收穫時間

即使歷經寒冷而使外葉枯萎，但是仍能確保內部的溫度，請安心地照顧。觸摸看看結球如果變硬就表示可以採收了。

雖然生長期較長，卻是每年都想想種的蔬菜

洋蔥是屬於生長期很長的蔬菜之一，夏天播種的話，要等到翌年春天才可以收成，約有9個月的時間需佔著土地，這對家庭菜園來說實在是一件為難的事情。但也是因為如此，收成時才會格外覺得高興，初次品嚐時，那滋味令人難以忘懷，是令人每年都想栽種的蔬菜。

栽培洋蔥要先從整理苗床開始，整理苗床在播種前1個月以上最為理想。首先準備1㎡的空地，混入有機石灰、米糠等，覆蓋黑色塑膠布。就這樣放置到播種時期，覆蓋塑膠布的效果，可以防止盛夏的暑熱，以及抑制雜草，而且可以適度蓄養土壤的水分。

當幼苗生長至某個程度後，就必須定植進田裡，在田裡度過冬天。因為霜柱的影響，幼苗會從土裡露出來，請費心確認狀態後，將露出的幼苗確實地再種回去。種植在寒冷地區時，田裡最好覆蓋黑色塑膠布，並設置寒冷紗拱門棚。

【基本數據】

● 備忘錄

- ●生長期長
- ●苗床育苗後定植進田裡
- ●沒有把握育苗，也可以使用市售幼苗
- ●冬天時要注意霜柱！

● 收穫量

普通

● 作業量

多

● 栽培時間表

1	2	3	4	5	6	7	8	9	10	11	12
				收穫	收穫	收穫		播種	播種		
										植苗	植苗

…播種　…植苗　…收穫

整地準備

若種地取得不易，也可以種植於田畦旁邊

為了避免乾燥，將田畦做成低畦為主要秘訣，株間距離約15cm，條間距離為25cm左右，配合田畦的寬廣種植1～3列。因為洋蔥並不需要寬廣的空間，就算種在田畦或通道旁也非常有趣。種植前2週必須將有機石灰、堆肥、米糠等混入田畦裡。不喜酸性土壤，因此有機石灰的作用非常重要。基本上不需追肥，只要基肥就可以栽培。覆蓋塑膠布作為防霜柱用。

市民農園1區塊的平均空間使用範例

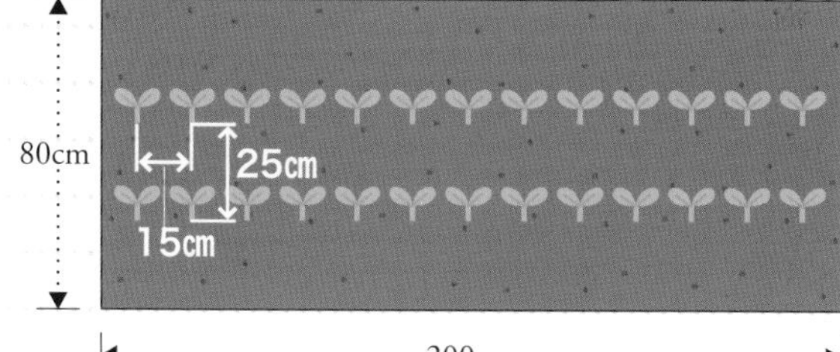

1.6㎡（上述的空間）大約所需的肥料

熟成堆肥	5~8kg
有機石灰	200g
米糠或雞糞	500g

種植計畫

適合和紅蘿蔔或高麗菜一起種植

洋蔥會產生連作障礙。同一塊地要連續種植的話，至少要間隔2年以上。同時和萵苣、毛豆的相容性非常好，若洋蔥種植於這些蔬菜之後，可以健康生長。共生作物為紅蘿蔔或高麗菜等蔬菜，混植可以協助彼此健康生長。

種植順序

1 準備育苗床

首先要準備育苗床。播種前2週～1個月必須將有機石灰、米糠等混入，並覆蓋黑色塑膠布，塑膠布於播種時撤除。

2 播種方法

種子可以粗略地撒下，也可以直線播種，播種後覆蓋土壤，以手掌輕壓，為了防止乾燥，請全面覆蓋寒冷紗等。

3 培育至鉛筆粗細即可

播種後約1週內就會發芽。茂密處可進行間拔，11月～12月上旬，幼苗粗細像鉛筆一樣時，就可以進行定植。

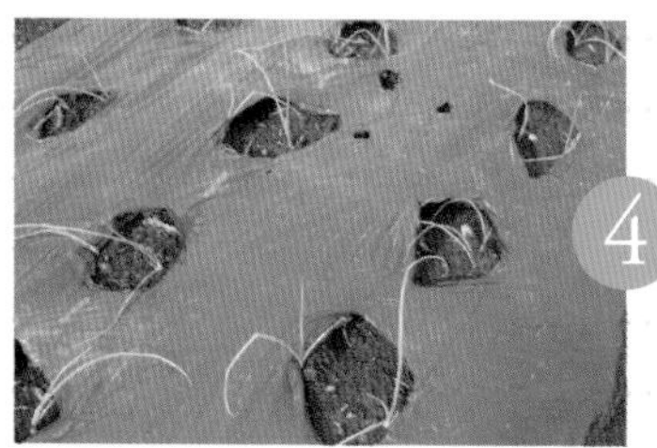

4 定植

將幼苗以間隔15cm的距離定植進田裡，生長狀況不良的幼苗則先暫時在苗床裡培育，隔年2月底之前再進行定植。

5 到了3月生長迅速

冬天結束，到了氣溫回升的3月，植株的莖會迅速成長茁壯，長於地表的部分看起來和長蔥沒什麼不同。

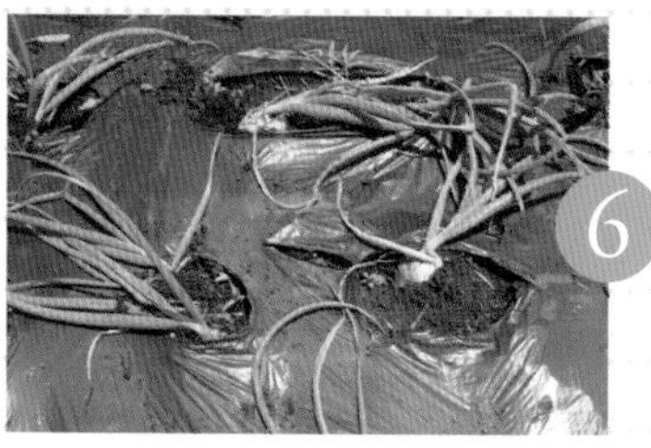

6 生氣盎然的莖開始垂倒

莖部開始垂倒，洋蔥本身也開始露出地表，這就表示已經接近收穫期，耐心等待葉片變紅褐色及莖部變黃吧！

7 葉片枯萎即可採收

終於可以採收了。採收時將手握住靠近地面的莖部拔起即可。採收後至少放在田裡乾燥兩天，保存時最好殘留5cm的葉子。

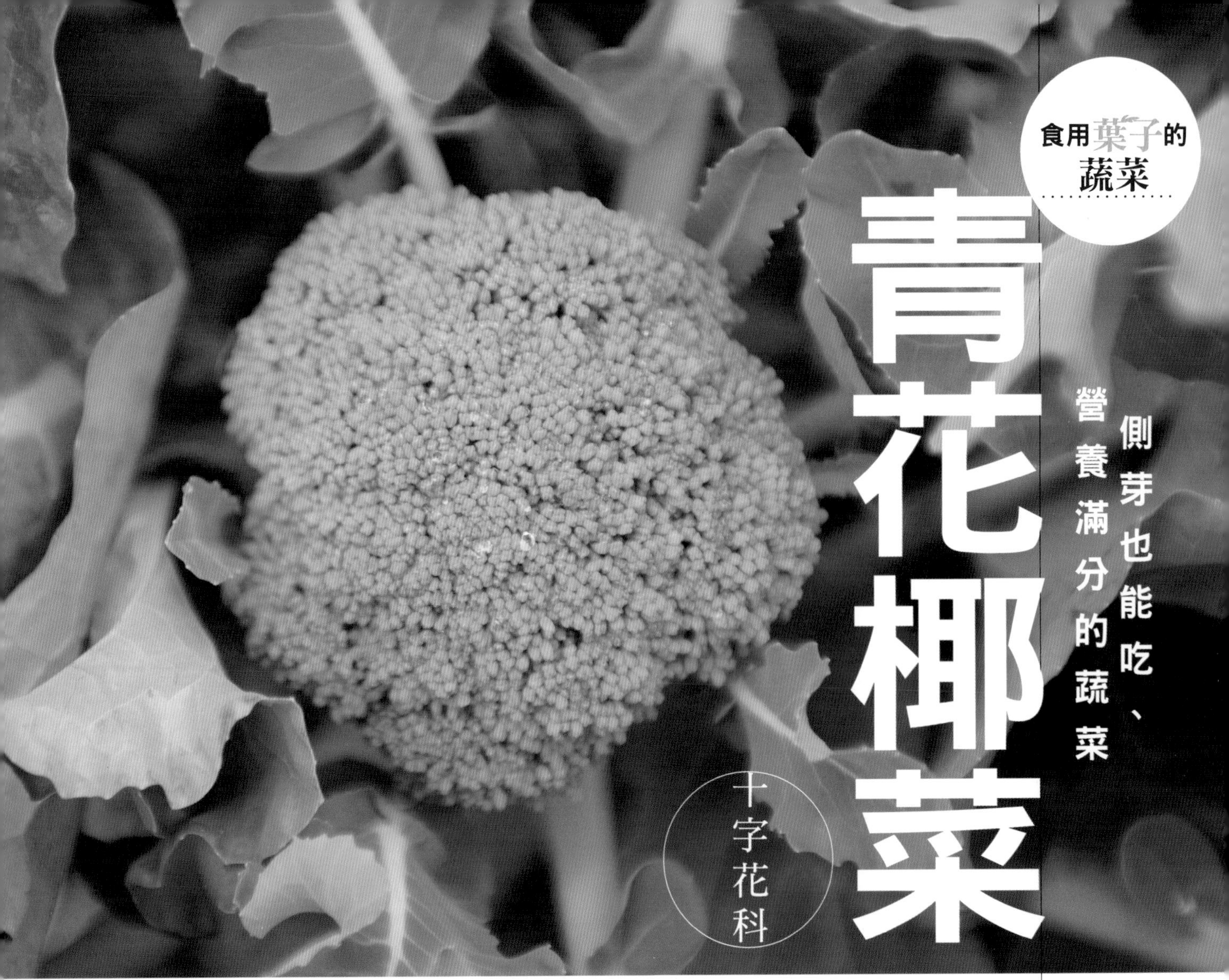

食用葉子的蔬菜

青花椰菜

十字花科

側芽也能吃、營養滿分的蔬菜

採摘側芽可享受長期收穫的樂趣

青花椰菜最主要是食用花蕾及花莖的蔬菜，含有豐富的維他命、青花素、鈣質，營養價值非常高。

雖然也可以早春播種夏天收穫，但是這時期的防蟲對策非常辛苦，在此並不建議。8～9月播種，11～2月採收的方式雖然花時間，但是可以將蟲害發生的機率降至最低。但即使夏季播種，也免不了鳥類或蟲類的侵害，如果想要萬全準備，最好在播種後趁早全面覆蓋寒冷紗或護網作為防鳥或防蟲對策。

因為發芽率很高，所以一般都直接播種在田裡，但也可以在育苗盆裡播種，發芽後再將幼苗移植進田裡。移植的話必須等到幼苗發出本葉時再進行。

莖部頂端的花蕾成長至直徑約15㎝時就是採收期了。採收後植株兩側還是會陸陸續續發出小花蕾，持續摘採小花蕾，就可以長期享受採收的樂趣。

【基本數據】

● 備忘錄

- 建議夏天播種
- 容易遭受蟲、鳥侵害
- 若覺得不放心，可以覆蓋拱門棚
- 基本上採直播種植
- 別忘記採收側芽

● 收穫量

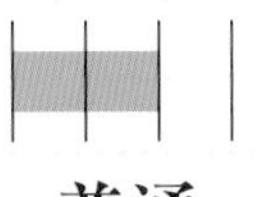

普通

● 作業量

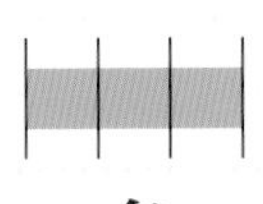

多

● 栽培時間表

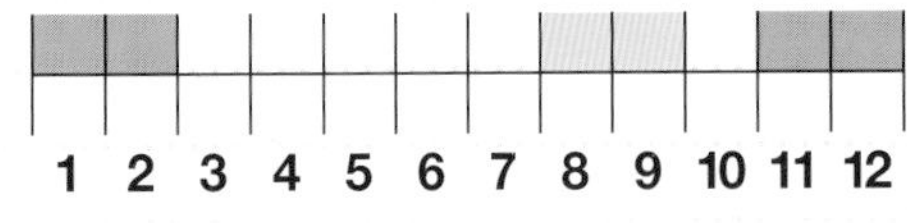

整地準備

若擔心遭受蟲、鳥侵害，可以設置拱門棚

青花椰菜的條間和株間距離都必須間隔30cm以上，一般種植2列。但若配合田畦大小種植1列也沒有關係。田畦需作成排水良好的高田畦並覆蓋黑色塑膠布。種植2列時，施肥於田畦正中央（條間），種植1列時則將米糠或雞糞深埋進兩側土裡，進行部分施肥。如果擔心蟲鳥的侵害，最好在播種後趁早全面覆蓋寒冷紗或護網作為防範對策。

市民農園1區塊的平均空間使用範例

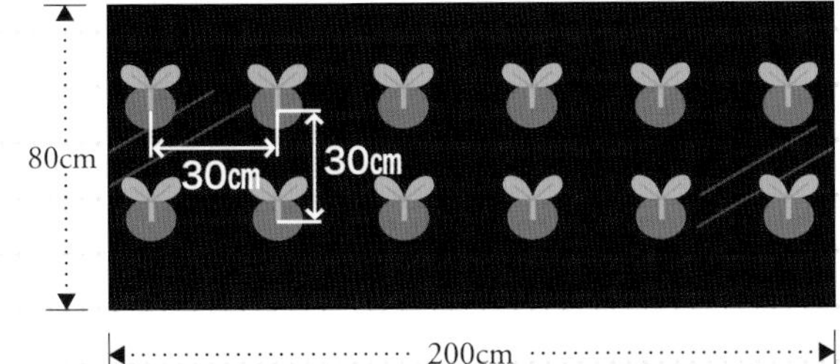

1.6㎡（上述的空間）大約所需的肥料

肥料	用量
熟成堆肥	5~8kg
有機石灰	200g
米糠或雞糞	400g

種植計畫

作為茄子的後作，可以健康成長

因為會產生連作障礙，所以同一塊地要連續種植，至少要間隔3年以上。不可和大白菜、高麗菜、白蘿蔔等同屬十字花科的蔬菜連作。和茄子的相容性非常好，若種植於茄子之後，可以因為茄子的殘肥而健康生長。共生作物建議可以種植荷蘭芹。

種植順序

1 青花椰菜的種子

豆莢含有非常多的種子，因為體積非常微小，拿取時要特別注意，若來不及整地也可以先在育苗盆裡育苗。

2 各撒下3～4粒種子

一處植穴約撒下3～4粒種子，深度必須足以將種子完全覆蓋，播種後覆蓋土壤，以手掌輕壓即可。

3 發芽後進行間拔

發芽率很高所以幼苗通常都過於茂密。趁本葉尚未發出時進行間拔。

4 最後僅留1株健苗

進行數次間拔，最後只留下1株健苗即可。就像照片一樣當本葉發出4～5片時，就要結束間拔。

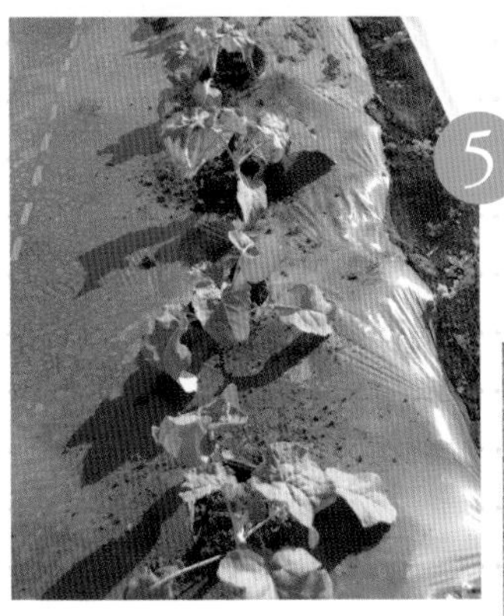

5 用心栽培，年內就可以收成

栽培到9月左右，應該就可以在年內收成。此時蟲類的活動仍非常活躍，一旦發現蟲卵或幼蟲要立刻撲滅。

6 頂端結出花蕾

莖部的頂端結出花蕾時就表示可以收成了，雖然被歸類為食葉蔬菜，但嚴格說起來是食用花蕾的蔬菜。

7 趁幼嫩時採收

當花蕾直徑約15cm時即可採收，若花蕾變硬則口感不佳，所以要趁幼嫩時及早採收。

食用葉子的蔬菜

田畦邊也能栽種的蔬菜

青蔥

百合科

根深蔥和葉蔥的栽培方式有些許差異

青蔥大致上可區分為根深蔥（白蔥）和葉蔥（青蔥）2種，在此介紹的是根深蔥的栽培方法。

種植葉蔥時，先挖出淺淺的植溝（約10㎝），間隔15㎝種下3~5株為一束的幼苗，採收時只收割葉子部分即可。培土至幼苗不會倒塌的程度就OK了。

作為共生作物種植於其他蔬菜的兩側亦可，但是和白蘿蔔、萵苣、豆類的相容性不佳，要特別注意。

種植順序

1 播種

將種子撒在苗床上育苗至約鉛筆粗細大小。定植於田裡之前的培育方法和洋蔥相同（請參照P88）。

2 將幼苗定植於田裡

定植於田裡時必須間隔3～5㎝，如果是使用老蔥的話，要將上半部份切除。照片裡是種植在其他蔬菜的田畦旁邊。

3 必須頻繁地培土

隨著植株的生長，白色莖的部份會突出於地表，必須要進行培土掩埋，若任由莖部份生長，會造成只有蔥葉延伸，蔥白部分卻不成長的情況，一定要注意。

4 只採收需要的量

分枝完成、莖變粗時就表示可以收穫了。因為可以直接種在田裡保存，所以只要採收所需要的份量就可以了。

【基本數據】

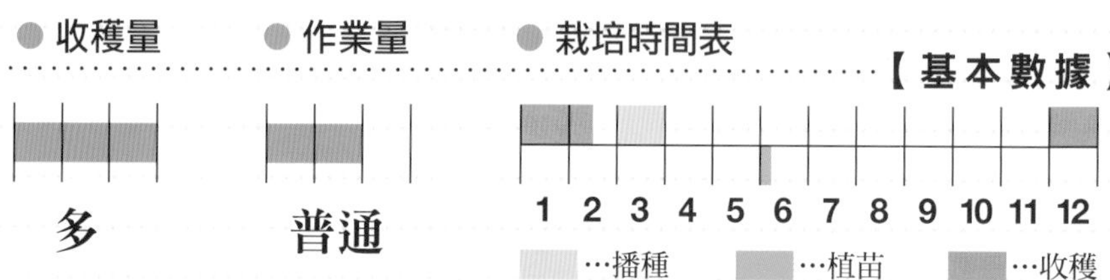

整地準備

市民農園1區塊的平均空間使用範例

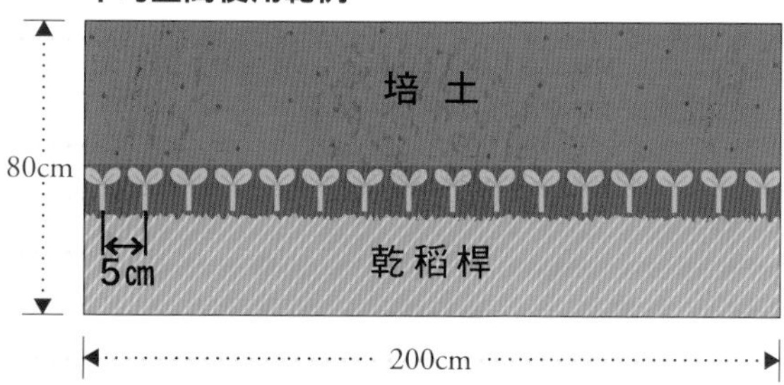

將土堆在幼苗旁作為培土用

種植前2週必須將有機石灰混入田畦土壤裡，挖掘出寬15㎝、深度20㎝的植溝後再將幼苗種入。挖掘出的土壤堆放於混入肥料的田溝兩側，可作為培土用，幼苗兩側覆蓋乾稻桿，可使通氣性更佳。

1.6㎡（上述的空間）大約所需的肥料

熟成堆肥 …… 5~8kg　有機石灰 …… 100g　米糠或雞糞 …… 500g

食用葉子的蔬菜

菊科

萵苣

對疾病抵抗力強且栽種方法簡單

栽培方式簡單，即使初學者也能放心！

萵苣是屬於容易栽培的蔬菜。比較花費工夫的只有在幼苗時期的間拔工作，因此對初學者來說也能輕鬆種植。加上不需要太多的肥料，就算種植在其他蔬菜之間，也能種出好吃的萵苣。不結球的捲葉萵苣更容易栽種，是要從外葉開始採收所需要的份量，就可以長期享受採收的樂趣。不適合連作，因此若想在同一處連續種植的話，至少要間隔2年之後，才可以種植。

【基本數據】

● 收穫量：普通

● 作業量：普通

● 栽培時間表

1 2 3 4 5 6 7 8 9 10 11 12

…播種　…收穫

市民農園1區塊的平均空間使用範例

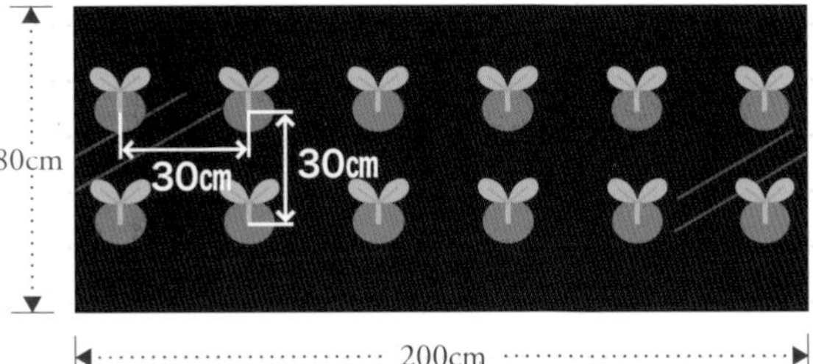

控制肥料以避免疾病

株間30cm、條間距離30cm，種植2列。肥料過多容易引起疾病，因此種植2兩週必須將堆肥混入，將米糠深埋入條間土壤裡，整地完成後覆蓋黑色塑膠布。

1.6㎡（上述的空間）大約所需的肥料

完熟堆肥……5~8kg　有機石灰……300g　米糠或雞糞……無

整地準備

種植順序

1 播種

以指尖挖出約5mm的植穴4個，穴裡各播入2粒種子，萵苣發芽狀況很零散，若不放心的話可以多播些種子。

2 發芽即可進行間拔

約10天即可發芽，若幼苗過於密集，可在此時進行間拔，當本葉發出後再次進行間拔，留下3株幼苗，就這樣再等待2週左右。

3 間拔僅留1株健苗

在3株幼苗之間，選擇1株最健康的幼苗栽培，其餘進行間拔。以育苗盆栽培時，大約也是在此時進行定植。間拔出來的幼苗可以吃喔！

4 結球後即可收穫

輕壓結球的上部，感覺硬實就可以採收了，在結球下方切割即可採收。

種植順序

1 播種

間隔2～3cm直線播種後，覆蓋土壤壓緊，播種前先將種子泡水一個晚上，放置於冰箱冷藏比較容易發芽。

2 本葉發出即可進行間拔

本葉發出過於密集，可進行最初的間拔，使株間距離約留3～4cm，只留下健康的幼苗，其餘拔除，間拔也是一種種菜的樂趣。

3 再次進行間拔

間拔後的情形就如照片一樣。再次進行1～2次間拔後，最後株間距離約5～10cm，株間寬廣植株才會長的好。

4 採收

長到像照片一樣的大小後，就可以採收了，在植株根部的地方切割或整株拔起，葉片才不會零零落落。

食用葉子的蔬菜

藜科

菠菜

不費工夫、營養滿分的蔬菜

建議蟲害低、味道佳的秋天播種

菠菜是不太需花費工夫的蔬菜，因此栽培上也不至於太難，由於不佔空間，即使小小空地或田畦一隅也可以種植。

雖然一整年都可以種植，但最好還是在蟲害較低，且因寒冷能使味道更好的秋天播種。

容易產生連作障礙，同一處要連續種植必須間隔1年以上，可作為共生作物，相容性佳的蔬菜為青蔥，混植可以協助生長狀況。建議可種植於茄子株間。

【基本數據】

● 收穫量

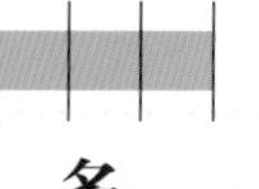

多

● 作業量

普通

● 栽培時間表

1 2 3 4 5 6 7 8 9 10 11 12

…播種 …收穫

整地準備

市民農園1區面的平均空間使用範例

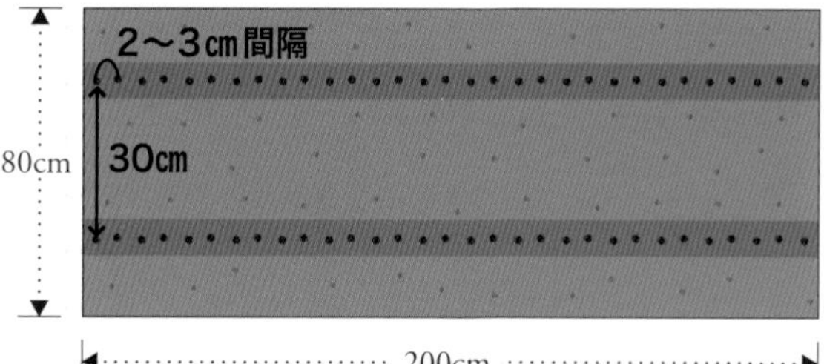

兩週前必須整地完成

將有機石灰、堆肥、米糠（或雞糞）混入土壤裡約深40～50cm，低畝覆蓋黑色塑膠布，2週後即可播種，種子播2列，條間距離約30cm，播種時請將塑膠布撤除。

1.6㎡（上述的空間）大約所需的肥料

熟成堆肥……5~8kg　有機石灰……300g　米糠或雞糞……300g

食用葉子的蔬菜

小松菜

十字花科

寒冷或酷暑抵抗力都很強，容易栽種的蔬菜

順利成長的話，可以在2個月內採收

小松菜對嚴寒或酷熱的抵抗力都很強，屬於容易栽種的蔬菜，大約2個月就可以收穫，這是小松菜的迷人魅力。雖然1整年都可以栽種，但是和菠菜一樣，還是要選擇蟲害較少，種出來味道較佳的秋天播種會比較好。如果在有霜害的11月播種，請選擇耐寒的品種，並在寒冷紗拱門棚裡栽培較為安心。有可能產生連作障礙，和同屬十字花科的大白菜、白蘿蔔相容性差，要避免作為後作。

【基本數據】

● 收穫量：多

● 作業量：普通

● 栽培時間表

1 2 3 4 5 6 7 8 9 10 11 12

…播種　…收穫

整地準備

市民農園1區塊的平均空間使用範例

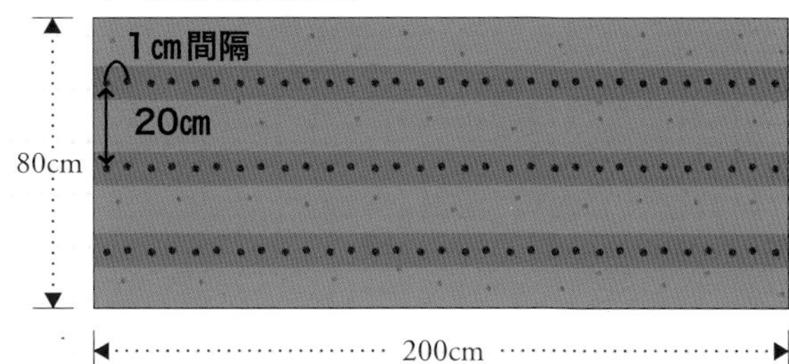

配合田畦寬度種植2～3列

將堆肥、有機石灰、肥料混入整個土壤裡，做出排水良好的田畦，堆肥如果量多的話，肥料就可以少放一些，2週前就必須完成整地工作，條間距離約20cm，種植2～3列。不需覆蓋塑膠布。

1.6㎡（上述的空間）大約所需的肥料

熟成堆肥……5~8kg　有機石灰……320g　米糠或雞糞……300g

種植順序

1 播種

間隔1cm進行直播後，暫時不需覆蓋土壤掩埋，等完全播好後，再整條略微覆蓋土壤，以手輕壓即可。

2 覆蓋寒冷紗

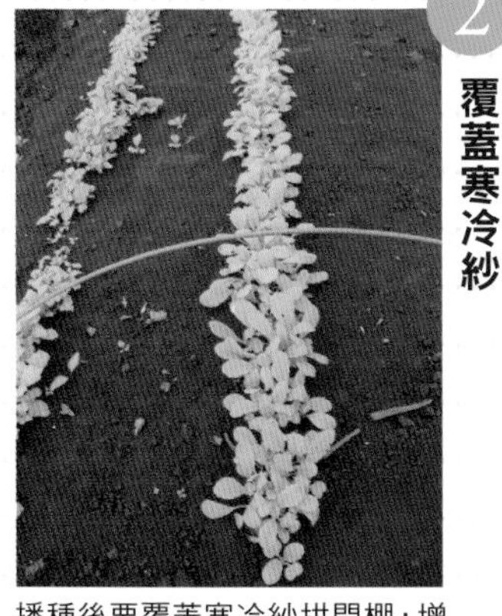

播種後要覆蓋寒冷紗拱門棚，增強保溫、保溼的效果，並可以嚴防鳥類侵食嫩葉，3週後就會長成像照片中的大小。

3 進行間拔

生長過程中要分成數次進行間拔，間拔太慢會讓植株的葉子成長不佳，要特別注意，最後株間距離最好在5cm以上。

4 趁早採收

像照片一樣，當植株高度約20cm時就要趁早採收，若任其繼續生長下去，葉片會變硬，澀味也會變強。

記起來會更方便喔！

栽種蔬菜的基本用語

如果能夠了解種菜的專門用語，田裡的工作想必會更加地順利，因此特別整理出種菜時一定會有幫助的基本用語。除了本書之外在閱讀其他專門書籍時也能活用，漸漸增長知識。

油渣

以氮肥為主的有機肥料，由大豆或油菜子提煉出油脂後的殘渣作成，大多是作為基肥使用。

田畦

是指為了播種或移植，而將田裡的土壤整理成帶狀隆起的形狀。若耕地的排水狀況非常良好，或是栽培性喜潮濕的蔬菜時，就不需要將土壟高，而直接整平即可，此稱為「平畦」。

晚生種

同種類的作物當中，比較慢熟成的品種稱為「晚生種」，一般說來果實較大，味道也較為濃郁。

牡蠣殼石灰

牡蠣殼碾碎後作成的有機石灰，屬於緩慢但效果持久的緩效型。

化成肥料

在化學合成的肥料裡再添加化學的操作，將其調整成含有3大營養素其中2種類以上的肥料，比起一般的有機肥料，肥料成份更多，效果更快。

寒冷紗

陽光照射強烈或嚴寒時，覆蓋在田畦上用來保護蔬菜的薄紗布，也可用於防蟲或防風。

切莖

延伸成長的莖蔓留下數節後切斷，讓其長出健康的側芽，並促使結出新的果實。

雞糞

由雞糞製成的有機肥料，含有豐富均衡的3大營養素，可使用於基肥或追肥。

結球

植物的葉片數層重疊包起，形成圓球狀，像高麗菜和大白菜等的葉菜即是。

耕起

指將耕地的土壤掘起之意。將表層土壤和深層土壤交換，對於改善通氣性和排水性有很大的效果。

好光性種子

發芽時需要光線的種子，若土壤覆蓋太厚無法接受日光，就無法發芽，因此種植時只要薄薄覆蓋一層土壤即可。

骨粉

動物骨頭粉碎後作成的有機肥料，含有豐富的磷酸，對於提高結果量有非常好的效果。

米糠

糙米精白化時，脫下的外皮輾成粉狀而成，含有豐富的營養素，和雞糞、油渣並列為經常被使用的有機肥料。

共生作物【companion plants】

一起種植可以產生良性的相互影響，能抑制病蟲害或是讓植株更健康茁壯的植物組合。

根粒菌

豆科植物的根部會形成稱為根粒的土壤微生物，會生成氮化合物供給宿主，因此栽培毛豆或蠶豆等豆科植物時，要注意不要施放過多的氮肥。

3大營養素

是指植物生長所需要的營養素中，最為重要的氮、磷、鉀3大要素。氮肥也稱為「葉肥」，是莖和葉生長不可缺少的要素，磷酸是協助芽、花和果實生長的「實肥」，鉀是根部生長所需的「根肥」。米糠、油渣、雞糞是含有這3大要素的有機肥料。

直播

在培育蔬菜的地方直接播種，特別是白蘿蔔或紅蘿蔔等不適合移植的蔬菜經常會使用的方法。

受粉

將雄蕊的花粉沾在雌蕊的前端，如此就會因為受精而形成種子或果實，基本上是以蟲或風作為媒介自然進行，但在真的無法受粉的情況下，可以摘下雄花沾黏在雌蕊的前端，進行人工受粉。

條播

田畦上以棒子或板子等壓出淺淺的植溝，約間隔2cm將1粒種子播下的方式，大多用於種植菠菜或小松菜等較小型的蔬菜。

側枝

從旁生出的枝芽，從主枝和主莖直接發出的側枝稱為第一側枝，從第一側枝生出的枝稱為第二側枝。

堆肥

落葉或牛糞等有機物質，藉由微生物完全分解而成的物質。為了做出適合栽培作物的土壤，耕地土裡都必須混入堆肥。可利用落葉或廚餘自行製作堆肥，因為幾乎不含任何的養分，所以不行當作肥料使用。

追肥

作物生長期間所施放的肥料。配合播種或植苗所施放的基肥，會因為作物本身的吸收或雨水沖刷等因素而減少，因此栽種果菜類或生長期間較長的蔬菜時，必須施放追肥來補充肥料。

接木苗

將枝等植物的某一部分切下，接在耐病性較優良的同種或近緣的其他植物上的苗。接的植物稱為「穗木」，被接的植物（有根的一方）稱為「台木」，比起播種培育的幼苗更健康，生長更快速，但也有結果味道不理想的情況發生。

培土

作物種植之後，必須隨著植株的生長，在根部進行覆蓋土壤的動作。除了避免植株倒塌之外，還可以達到促使發根的效果。特別是青蔥，為了確實軟白化，必須進行數次的培土動作。

莖蔓過盛

因為肥料量施放過多，造成枝葉茂密，結果（實）卻非常稀少的現象。也稱為「葉過盛」「枝過盛」，容易發生在南瓜或蕃茄等吸肥力較強的蔬菜上。

定植

不直接將種子播進田裡，而在另一處培育成幼苗後，再移植進田裡。

摘果

趁果實還小時摘除。這是為了抑制果實數量而將多餘的果實摘除，如此才能結出更大、品質更好的果實。相同的目的下，趁開花時將花摘除，稱為「摘花」，趁花蕾還小時摘除，稱為「摘蕾」。

摘芯

在植株生長階段將主莖前端摘除，藉此抑制植株往上生長，轉而促使側芽生長，充實整體的枝數使收穫量增加。

點播

1處播下3～5粒種子，幼苗生長期間再進行疏苗間拔的栽培方式。約每隔2㎝以指尖挖出淺淺的植穴，各播下1粒種子，比較適合白蘿蔔或玉米等成長後體型較大的蔬菜。

抽苔

因為日照時間長或氣溫變化的緣故，花芽急速沿伸抽長的現象，稱為「抽苔」，因為開花用去了大部分能量，導致果實味道不佳。

拱門棚

田畦上架設栱型的支柱後，整個覆蓋上寒冷紗或不織布的隧道型棚帳。保溫效果高，還能防止鳥類與害蟲的侵害，使用塑膠材質更能提高保溫性。

苗床

從種子成長到可以移植的幼苗期間，培育作物的場所。因為能調整溫度及土壤的水分量等，較容易發芽並使其快速成長，同時也不易遭受害蟲的侵害。

二期作

同一耕地，一年種植2次相同的作物收成。主要是用於稻作的農業法，但也適用於馬鈴薯或玉米等蔬菜。

半日陰

種植於大樹底下，非常明亮卻不被陽光直射的場所，一天中只有2、3個小時接受陽光直射，其他時間都處於陰涼狀態。

風乾

南瓜等果實，採收後必須在通風良好的地方放置1週到10天左右，使其乾燥，具有提升糖分的效果。

不耕起栽培

不整地就栽種作物的農業栽培法，因為種植在堅硬的土壤裡可以孕育出強力的根。另外還有抑制雜草繁殖等優點，因植物種類的不同，有的適合此法有的並不適合。

分莖

靠近根部的莖節處發出新的莖，主要常見於稻類或玉米等禾本科植物。

pH酸鹼值

代表氫離子濃度的指數。用於顯示物質的酸性或鹼性。pH值7代表中性，大於7鹼性越強，小於7酸性越強，大部分蔬菜都喜歡pH 6.0～6.5左右的微酸土壤，而一般土壤都很容易偏向酸性，所以播種或植苗前，必須先混入鹼性石灰以中和土壤的酸鹼值。

發酵有機肥料

由有機肥料發酵而成的肥料。可作為有機肥料的原料有油渣、米糠、雞糞、魚粉等各種類，而發酵肥料比起一般有機肥料效果更快，同時也具有增加土壤中微生物的效果，可使用於基肥或追肥。市面上雖然有販售，當然也可以在有機肥料裡加入發酵菌自行製作。

暖罩

覆蓋在播種處或幼苗上的保溫資材，同時也可以有效防鳥害。可以將寶特瓶底部切下代替暖罩使用。

本葉

子葉後發出的葉子稱為本葉，具有植株本來的葉片形狀。

間拔【疏苗】

幼苗太過茂密的情況下，只留下少數幾株健苗，其餘皆拔除，這是為了確保蔬菜生長過程中擁有足夠的空間，通常會將虛弱或過於纖細的幼苗拔除，留下強健的幼苗。間拔出來的幼苗稱為「間拔菜」，因為幼嫩而柔軟，大多用於食用。

覆蓋【mulching】

以塑膠布或乾稻桿將田畦整個覆蓋起來。可使地溫上升促使發芽、抑制水分蒸發確保溼度、防止因雨而使地表硬化等各種效果。此外，若覆蓋黑色塑膠布或乾稻桿，會因為無法接受陽光而抑制雜草繁殖。

摘芽

摘取不要的側芽。側芽若置之不理會分散營養份，使養份無法到達果實。經常使用於茄子、小黃瓜、蕃茄等果菜的栽培方法。

基肥

播種或種植之前，施放於耕地的肥料。一般份量為種植各種蔬菜所需肥料的半量。請選擇米糠或油渣等，效用溫和緩慢卻持久的肥料。

有機石灰

將貝殼或蟹殼等動物質原料粉碎之後作成的石灰。效果溫和、持久為其特徵，此外還具備活化土壤中有效微生物的功能，能栽培出品質更高的作物。

有機肥料

以有機物作為原料的肥料。具代表性的有油渣、米糠、雞糞、魚粉等，經過土中微生物的分解後成為養份被植物吸收，雖然發揮作用需要花費時間，但效果溫和且持久。

匍匐莖

從母株橫長延伸出來，沿著地表爬走的莖，前端根紮進土裡成為子株。接著又從子株延伸出匍匐莖，繼續增生出孫株、曾孫株等。常見於草莓或芹菜等不須以種子為媒介就能繁殖的作物。

連作

在相同場所，每年種植同樣作物或同種類的作物。

連作障礙

因為連作而引起的植物疾病或營養障礙，造成生長不良的狀況。可以透過在同一場所輪流種植不同作物來避免發生連作障礙，有些蔬菜則可以連作。

側芽

莖和葉柄連結處發出的芽。若希望主莖能延伸成長就必須儘早將側芽摘除，避免分散養分。相反的，若希望枝數量增加，就必須進行主莖摘芯，促使成長。

早生種

同樣的作物當中，較早熟的品種。一般來說早生種果實較小粒。

割肥【部分施肥】

在田畦兩側，距離作物較遠處，將肥料埋入的施肥方法。如此可以避免因肥料過多而引起作物的生長不良。此外，根部為了吸收肥料會茂密延伸，結果當然可以孕育出健康茁壯的作物。

TITLE

有機無農藥！從零開始種菜樂

STAFF

出版　三悅文化圖書事業有限公司
編著　株式会社学研パブリッシング
譯者　蔣佳珈

總編輯　郭湘齡
責任編輯　闕韻哲
文字編輯　王瓊苹
美術編輯　李宜靜
排版　執筆者設計工作室
製版　明宏彩色照相製版股份有限公司
印刷　桂林彩色印刷股份有限公司

代理發行　瑞昇文化事業股份有限公司
地址　台北縣中和市景平路464巷2弄1-4號
電話　(02)2945-3191
傳真　(02)2945-3190
網址　www.rising-books.com.tw
e-Mail　resing@ms34.hinet.net

劃撥帳號　19598343
戶名　瑞昇文化事業股份有限公司

本版日期　2014年12月
定價　300元

國家圖書館出版品預行編目資料

有機無農藥！從零開始種菜樂 ／
株式会社学研パブリッシング編著；
蔣佳珈譯.-- 初版. --
台北縣中和市：三悅文化圖書，2010.04
96面；21×25.7公分
ISBN 978-957-526-955-5 (平裝)
1.蔬菜　2.栽培　3.有機農業

435.2　99005768